Galileo 科學大圖鑑系列

VISUAL BOOK OF
THE HUMAN BODY

人體大圖鑑

人人出版

大家對於自己的身體
究竟了解多少呢？

肺是進行呼吸作用的地方，
心臟是輸出血液的地方，
肝臟是分解代謝酒精的地方等等，
或許很多人都僅從學校課堂或日常生活中
聽過片段知識。

人體的每一種器官，都各自有其重要的功能，
彼此相輔相成，維繫著我們的生命和健康。
器官的運作機制就如同機械鐘般，既精密又奧妙。

舉例來說，

「吞嚥食物」這個我們平時不經意的動作，

其實會動用到口腔中25種以上的肌肉。

此外，人從一生下來

就自然擁有對應1000兆種外來異物的能力。

我們的身體會根據狀況和對象仔細區分，

使身體免於受到病毒、細菌等病原體的侵襲。

本書將以精美的圖像和淺顯易懂的說明，

介紹人體及其相關的知識。

希望能透過本書解開對身體的基本疑問，

為讀者開拓更宏觀的視野。

VISUAL BOOK OF THE HUMAN BODY 人體大圖鑑

1 人體的構造

細胞與骨骼	014
骨	016
直立雙足步行	018
肌肉	020
骨骼肌	022
血管	024
動脈／靜脈／微血管	026
血液	028
造血幹細胞	030
淋巴管／淋巴液	032
腦	034
大腦	036
COLUMN 大腦與喉部	038
脊髓	040
神經系統	042
自律神經／激素	044
內分泌器官	046
COLUMN 生理時鐘	048
睪丸／精子	050
卵巢／卵子	052
受精和懷孕	054
乳房	056
遺傳	058
COLUMN 雙胞胎研究法	060

2 感覺器官的構造和功能

感覺訊息的知覺 ①	064
感覺訊息的知覺 ②	066
眼	068
視覺細胞	070
視覺	072
耳	074
內耳	076
聽覺與平衡感	078
鼻	080
嗅覺	082
減敏作用	084
舌	086
味覺 ①	088
味覺 ②	090
COLUMN 鮮味	092
皮膚	094
膚覺	096
體溫	098
指甲和毛髮	100
指紋	102

3 維繫生命的功能

呼吸的機制 ①	106
呼吸的機制 ②	108
COLUMN 打嗝	110
心臟	112
心跳速率（搏動）	114
血液循環	116
腎臟	118
膀胱	120
消化	122
唾液	124
牙齒與吞嚥	126
食道	128
胃	130
十二指腸／胰臟／膽囊	132
胰臟的功能	134
COLUMN 緒方洪庵	136
小腸	138
絨毛／微絨毛	140
肝臟	142
營養素的吸收	144
葡萄糖	148
胺基酸	150
脂質	152
COLUMN 鮪魚腹肉	154
大腸	156
腸道細菌	158

4 守護身體的免疫系統

免疫	162
先天性免疫／後天性免疫	164
抗原／抗體	166
花粉症	168
食物過敏	170
金屬過敏	172
過敏治療	174
COLUMN 衛生假說	176
病毒和細菌	178
流行性感冒	180
諾羅病毒	182
HIV／HTLV-1	184
抗生素	186
抗藥性細菌	188
抗病毒藥	190
疫苗	192
藥物合併服用	194
COLUMN 口罩	196
癌症	198
癌症免疫療法	200

基本用語解說	202
索引	204

全身圖（前）

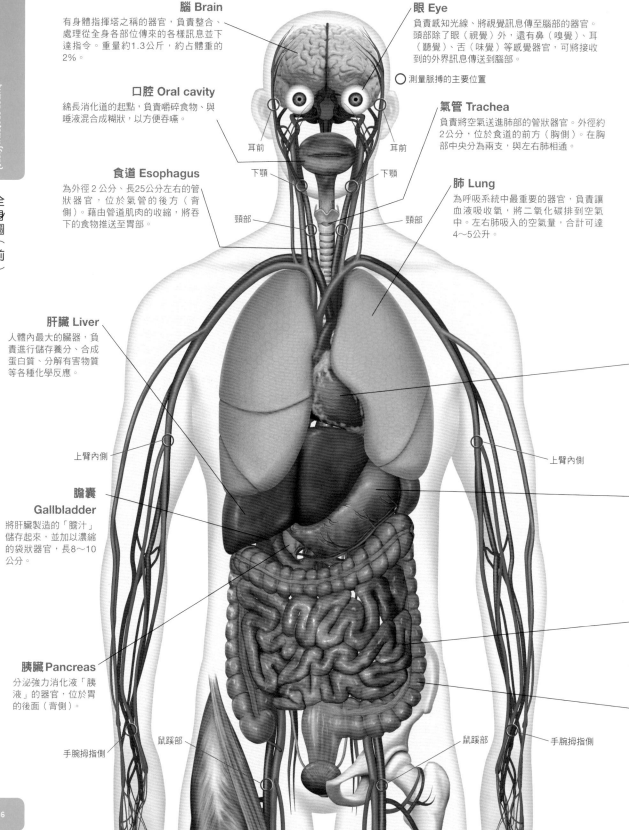

腦 Brain
有身體指揮塔之稱的器官，負責整合、
處理從全身各部位傳來的各樣訊息並下
達指令。重量約1.3公斤，約占體重的
2%。

口腔 Oral cavity
綿長消化道的起點，負責嚼碎食物、與
唾液混合成糊狀，以方便吞嚥。

食道 Esophagus
為外徑2公分、長25公分左右的管
狀器官，位於氣管的後方（背
側）。藉由管道肌肉的收縮，將吞
下的食物推送至胃部。

肝臟 Liver
人體內最大的臟器，
負責進行儲存養分、合成
蛋白質、分解有害物質
等各種化學反應。

膽囊
Gallbladder
將肝臟製造的「膽汁」
儲存起來，並加以濃縮
的袋狀器官，長8～10
公分。

胰臟 Pancreas
分泌強力消化液「胰
液」的器官，位於胃
的後面（背側）。

眼 Eye
負責感知光線、將視覺訊息傳至腦部的器官。
頭部除了眼（視覺）外，還有鼻（嗅覺）、耳
（聽覺）、舌（味覺）等感覺器官，可將接收
到的外界訊息傳送到腦部。

◯ 測量脈搏的主要位置

氣管 Trachea
負責將空氣送進肺部的管狀器官。外徑約
2公分，位於食道的前方（胸側）。在胸
部中央分為兩支，與左右肺相通。

肺 Lung
為呼吸系統中最重要的器官，負責讓
血液吸收氧，將二氧化碳排到空氣
中。左右肺吸入的空氣量，合計可達
4～5公升。

耳前　　　　　耳前
下顎　　　　　下顎
頸部　　　　　頸部

上臂內側　　　　　　　　　　上臂內側

鼠蹊部　　　　　鼠蹊部
手腕拇指側　　　　　　　　　手腕拇指側

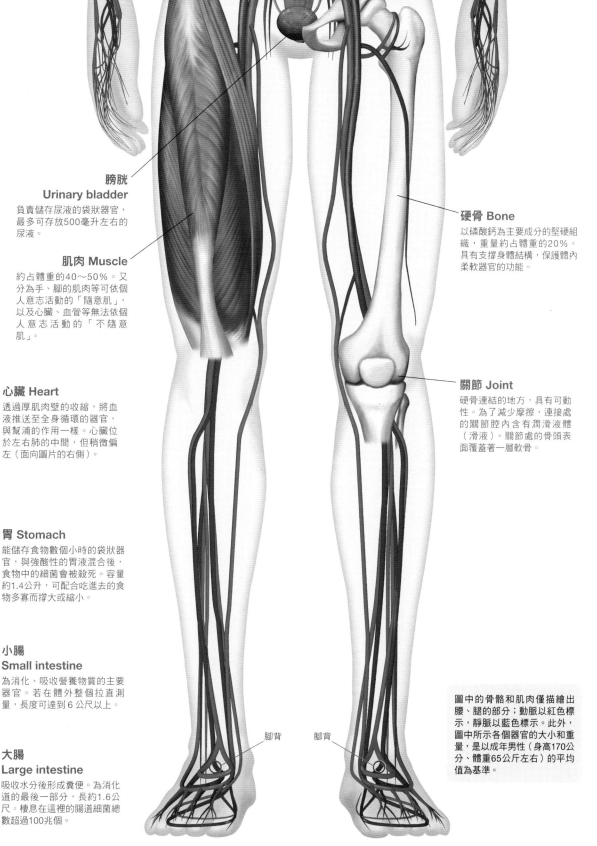

膀胱
Urinary bladder
負責儲存尿液的袋狀器官，最多可存放500毫升左右的尿液。

肌肉 Muscle
約占體重的40～50％。又分為手、腳的肌肉等可依個人意志活動的「隨意肌」，以及心臟、血管等無法依個人意志活動的「不隨意肌」。

心臟 Heart
透過厚肌肉壁的收縮，將血液推送至全身循環的器官，與幫浦的作用一樣。心臟位於左右肺的中間，但稍微偏左（面向圖片的右側）。

胃 Stomach
能儲存食物數個小時的袋狀器官，與強酸性的胃液混合後，食物中的細菌會被殺死。容量約1.4公升，可配合吃進去的食物多寡而撐大或縮小。

小腸
Small intestine
為消化、吸收營養物質的主要器官。若在體外整個拉直測量，長度可達到 6 公尺以上。

大腸
Large intestine
吸收水分後形成糞便。為消化道的最後一部分，長約1.6公尺。棲息在這裡的腸道細菌總數超過100兆個。

硬骨 Bone
以磷酸鈣為主要成分的堅硬組織，重量約占體重的20%。具有支撐身體結構，保護體內柔軟器官的功能。

關節 Joint
硬骨連結的地方，具有可動性。為了減少摩擦，連接處的關節腔內含有潤滑液體（滑液）。關節處的骨頭表面覆蓋著一層軟骨。

腳背　　　　　　腳背

圖中的骨骼和肌肉僅描繪出腰、腿的部分；動脈以紅色標示，靜脈以藍色標示。此外，圖中所示各個器官的大小和重量，是以成年男性（身高170公分、體重65公斤左右）的平均值為基準。

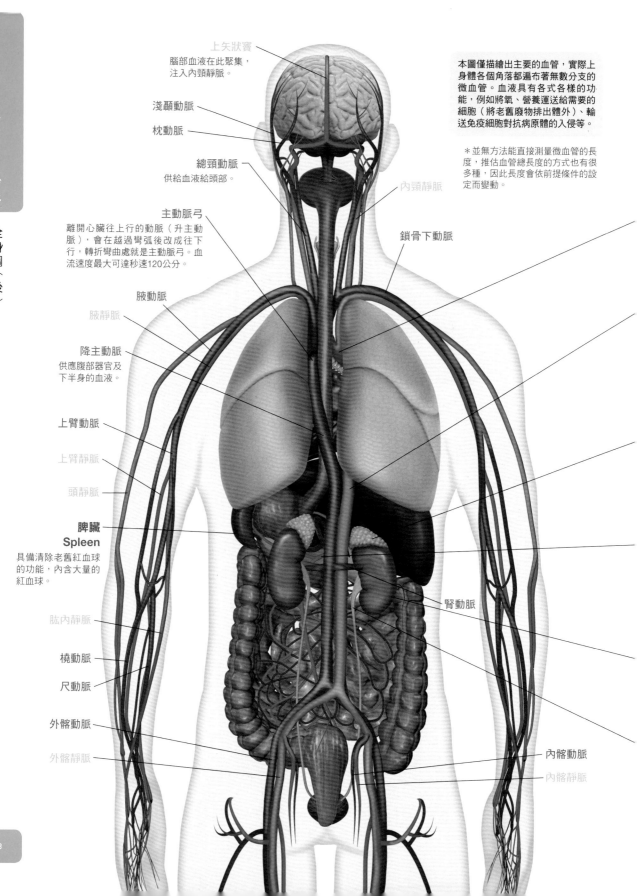

全身圖（後）

上矢狀竇
腦部血液在此聚集，
注入內頸靜脈。

淺顳動脈

枕動脈

總頸動脈
供給血液給頭部。

主動脈弓
離開心臟往上行的動脈（升主動
脈），會在越過彎弧後改成往下
行，轉折彎曲處就是主動脈弓。血
流速度最大可達秒速120公分。

腋動脈

腋靜脈

降主動脈
供應腹部器官及
下半身的血液。

上臂動脈

上臂靜脈

頭靜脈

脾臟
Spleen
具備清除老舊紅血球
的功能，內含大量的
紅血球。

肱內靜脈

橈動脈

尺動脈

外髂動脈

外髂靜脈

內頸靜脈

鎖骨下動脈

本圖僅描繪出主要的血管，實際上
身體各個角落都遍布著無數分支的
微血管。血液具有各式各樣的功
能，例如將氧、營養運送給需要的
細胞（將老舊廢物排出體外）、輸
送免疫細胞對抗病原體的入侵等。

＊並無方法能直接測量微血管的長
度，推估血管總長度的方式也有很
多種，因此長度會依前提條件的設
定而變動。

腎動脈

內髂動脈

內髂靜脈

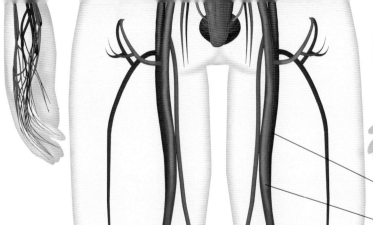

股動脈

股靜脈

大隱靜脈

膕動脈

膕靜脈

上大靜脈
將頭部、上半身的
血液送回心臟。

下大靜脈
將腹部、下半身的
血液送回心臟。

腎上腺
Adrenal gland
分泌「激素」調節血壓、免疫反
應。位於左右腎臟的上方，與腎
臟沒有相連。左右合起來約10～
15公克。

肝門靜脈
負責將胃、腸吸收的營養
物質運送到肝臟。

大隱靜脈

小隱靜脈

脛後動脈

脛前動脈

腎臟
Kidney
將血液中不需要的物質過濾、
濃縮成尿液的器官，左右各
一。藉由增減尿液量，調節體
內的水分量。單側的重量大約
130公克。

輸尿管 Ureter
將腎臟製造的尿液送往膀胱的
管狀器官，直徑4～7毫米。

動脈　　　　　　靜脈

微血管

微血管
Blood capillary
連接所有動脈末端和靜脈末
端的血管。微血管的直徑不
到0.01毫米，管壁很薄，僅
由一層細胞構成。血液通過
微血管時，會將氧氣和養分
輸送給細胞，並回收細胞中
的二氧化碳和老舊廢物。

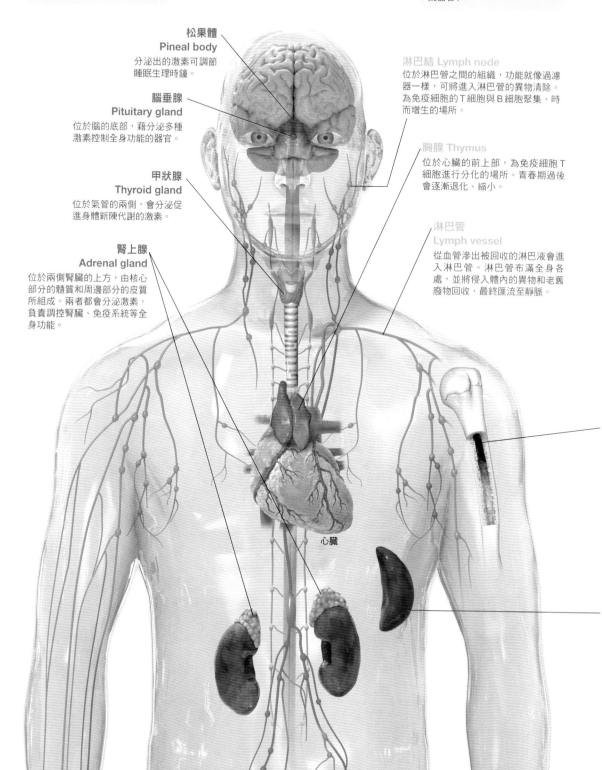

內分泌系統
Endocrine system
透過分泌激素調整各個器官的運作（本圖僅描繪出主要的內分泌器官）。

免疫系統
Immune system
負責辨識和擊退細菌、病毒等外敵（本圖僅描繪出主要的免疫系統器官）。

松果體
Pineal body
分泌出的激素可調節睡眠生理時鐘。

腦垂腺
Pituitary gland
位於腦的底部，藉分泌多種激素控制全身功能的器官。

甲狀腺
Thyroid gland
位於氣管的兩側，會分泌促進身體新陳代謝的激素。

腎上腺
Adrenal gland
位於兩側腎臟的上方，由核心部分的髓質和周邊部分的皮質所組成。兩者都會分泌激素，負責調控腎臟、免疫系統等全身功能。

淋巴結 Lymph node
位於淋巴管之間的組織，功能就像過濾器一樣，可將進入淋巴管的異物清除。為免疫細胞的 T 細胞與 B 細胞聚集、時而增生的場所。

胸腺 Thymus
位於心臟的前上部，為免疫細胞 T 細胞進行分化的場所。青春期過後會逐漸退化、縮小。

淋巴管
Lymph vessel
從血管滲出被回收的淋巴液會進入淋巴管。淋巴管布滿全身各處，並將侵入體內的異物和老舊廢物回收，最終匯流至靜脈。

心臟

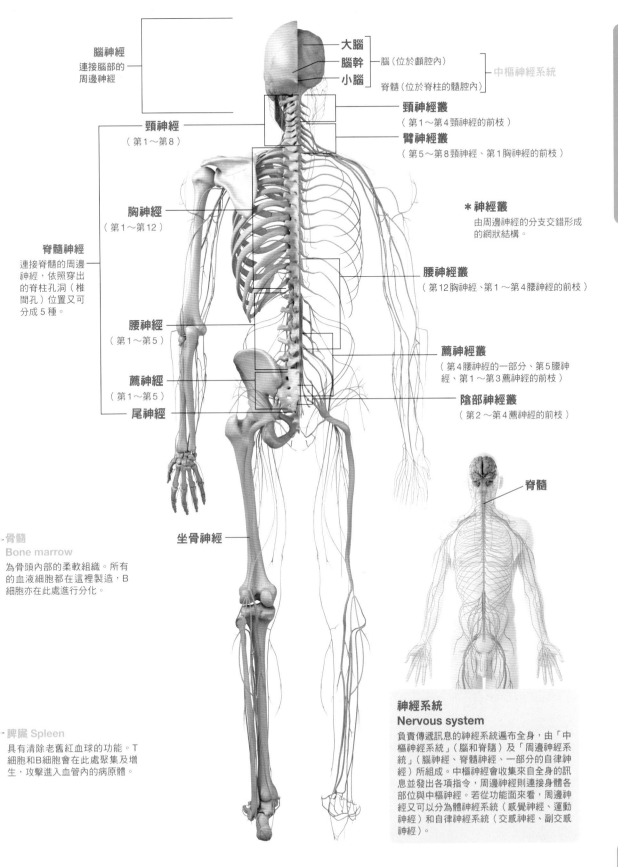

腦神經
連接腦部的
周邊神經

大腦
腦幹　腦（位於顱腔內）
小腦

脊髓（位於脊柱的髓腔內）

中樞神經系統

頸神經叢
（第1～第4頸神經的前枝）

臂神經叢
（第5～第8頸神經、第1胸神經的前枝）

頸神經
（第1～第8）

胸神經
（第1～第12）

＊神經叢
由周邊神經的分支交錯形成
的網狀結構。

腰神經叢
（第12胸神經、第1～第4腰神經的前枝）

脊髓神經
連接脊髓的周邊
神經，依照穿出
的脊柱孔洞（椎
間孔）位置又可
分成5種。

腰神經
（第1～第5）

薦神經叢
（第4腰神經的一部分、第5腰神
經、第1～第3薦神經的前枝）

薦神經
（第1～第5）

陰部神經叢
（第2～第4薦神經的前枝）

尾神經

脊髓

坐骨神經

· 骨髓
Bone marrow
為骨頭內部的柔軟組織。所有
的血液細胞都在這裡製造，B
細胞亦在此處進行分化。

· 脾臟 Spleen
具有清除老舊紅血球的功能。T
細胞和B細胞會在此處聚集及增
生，攻擊進入血管內的病原體。

神經系統
Nervous system
負責傳遞訊息的神經系統遍布全身，由「中
樞神經系統」（腦和脊髓）及「周邊神經系
統」（腦神經、脊髓神經、一部分的自律神
經）所組成。中樞神經會收集來自全身的訊
息並發出各項指令，周邊神經則連接身體各
部位與中樞神經。若從功能面來看，周邊神
經又可以分為體神經系統（感覺神經、運動
神經）和自律神經系統（交感神經、副交感
神經）。

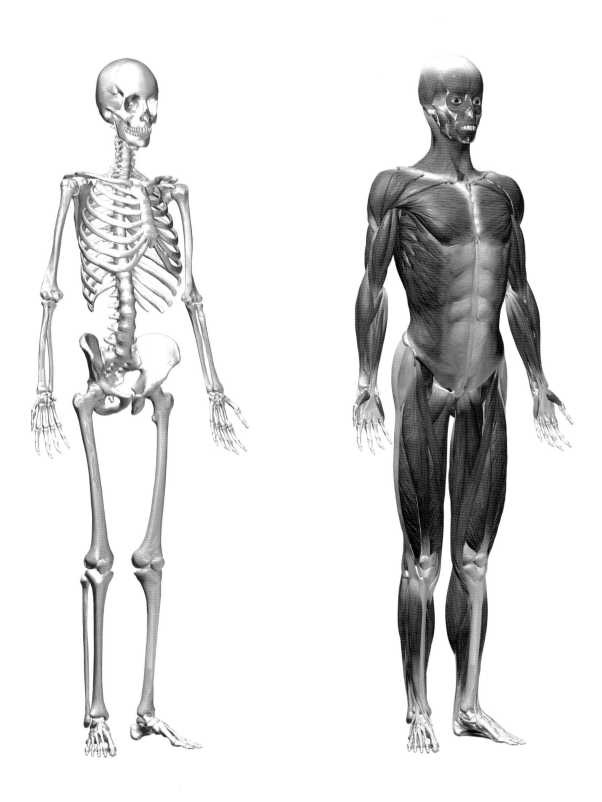

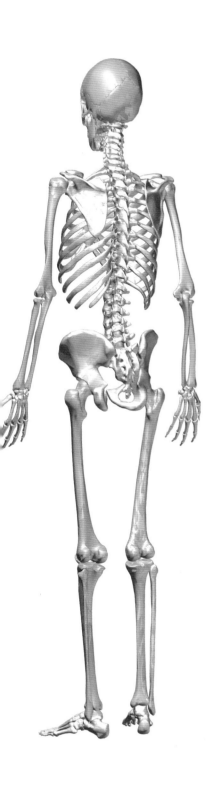

人 體 的 構 造

Structure of the human body

人體是由眾多的「零件」所組成

我們的身體內約有40兆個細胞[※]。單單一個「細胞」（受精卵）經過反覆分裂，就能增生出比地球全部人口（約70億人）還要多的數量，並分化形成腦、心臟、皮膚、肌肉等擁有各種功能的臟器和器官。

人體有200多塊骨頭（硬骨），以脊柱為中心相互連接構成「骨骼」（skeleton）。骨頭除了負責支撐身體、保護腦部和臟器、進行肢體動作和呼吸作用外，還具有儲存鈣質的功能，鈣質在傳遞細胞內的訊息及啟動肌肉收縮中，扮演著相當重要的角色。

「骨髓」（bone marrow）為骨頭內的軟組織，主要的功能是製造紅血球、白血球等血液的細胞成分。雖然骨髓遍布於全身的骨頭中，但成人體內還具有造血功能的，只剩下頭蓋骨、椎骨、股骨等部位。

※：根據義大利生物學者Eva Bianconi等人的論文《人體細胞數量的估算》（An estimation of the number of cells in the human body）。

- -

雖然質地輕卻保有強度的骨頭

骨頭外側的「骨密質」為堅硬的組織，內側的「骨鬆質」則有許多空隙。兩種組織結合起來，就成了質地輕卻保有強度的結構。長骨（呈縱長圓柱狀）中央的圓柱狀部分，骨密質的比例較多，兩端則是骨鬆質居多。

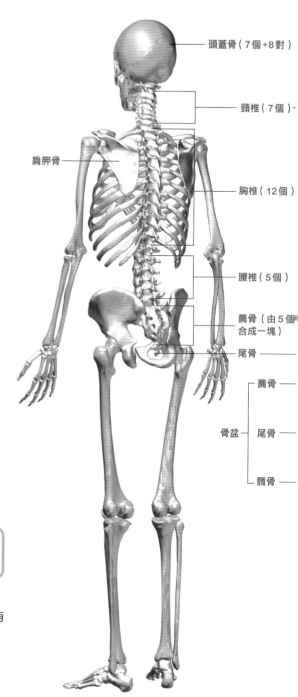

頭蓋骨（7個+8對）

頸椎（7個）

肩胛骨

胸椎（12個）

腰椎（5個）

薦骨（由5個合成一塊）

尾骨

薦骨

尾骨

骨盆

髖骨

骨頭之間由關節相連

關節為骨頭與骨頭之間連接的部位，由關節腔、關節囊、關節軟骨所組成，又分為可動關節和不可動關節。類風濕性關節炎是一種慢性的關節發炎疾病，因遭細菌或病毒感染致使免疫系統失常，引起滑液膜發炎。發炎反應會破壞關節軟骨和骨頭，使關節出現明顯變形。

關節腔
裡面的滑液由滑液膜所分泌，富含玻尿酸，可減少骨頭間的摩擦。

關節軟骨
覆蓋在關節面上的軟骨。具有彈性，可變化形狀，能吸收來自外力的衝擊。

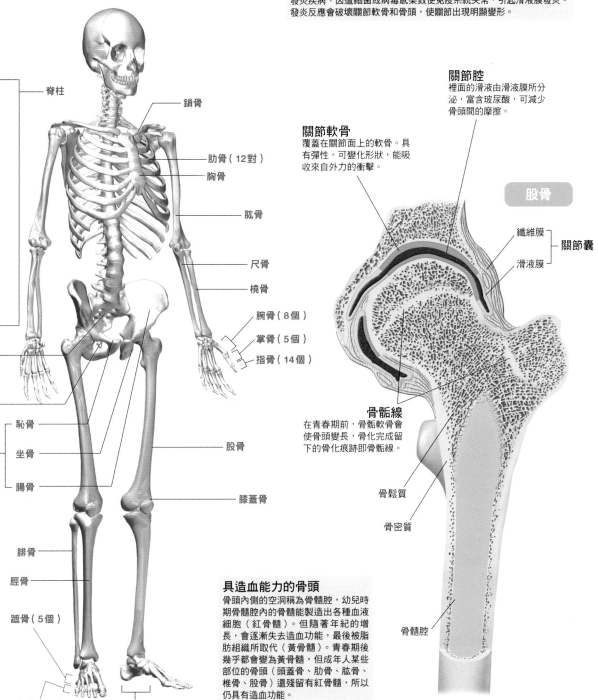

股骨

纖維膜 — **關節囊**
滑液膜

骨骺線
在青春期前，骨骺軟骨會使骨頭變長，骨化完成留下的骨化痕跡即骨骺線。

骨鬆質

骨密質

骨髓腔

脊柱

鎖骨

肋骨（12對）

胸骨

肱骨

尺骨

橈骨

腕骨（8個）

掌骨（5個）

指骨（14個）

恥骨

坐骨

腸骨

股骨

膝蓋骨

腓骨

脛骨

蹠骨（5個）

趾骨（14個）

跗骨（7個）

具造血能力的骨頭
骨頭內側的空洞稱為骨髓腔，幼兒時期骨髓腔內的骨髓能製造出各種血液細胞（紅骨髓）。但隨著年紀的增長，會逐漸失去造血功能，最後被脂肪組織所取代（黃骨髓）。青春期後幾乎都會變為黃骨髓，但成年人某些部位的骨頭（頭蓋骨、肋骨、肱骨、椎骨、股骨）還殘留有紅骨髓，所以仍具有造血功能。

全身骨骼每年約以20%的 比例進行重組

「骨」頭」的本體由膠原蛋白纖維組成，間隙填滿著名為羥磷灰石（$Ca_{10}(PO_4)_6(OH)_2$）的物質（鈣化）。是即使在輕微衝擊下仍能穩固的強韌組織，若是以大樓來比喻，膠原蛋白纖維即「鋼筋」，羥磷灰石則為「混凝土」。

我們的身體反覆進行著骨質形成和骨質被吸收的循環，年輕人每年的骨頭代謝速率約為20%。使肌肉收縮、傳遞細胞內的訊息等都需要鈣質，若是血液中的鈣質不足，「破骨細胞」（osteoclast）的活性便會增加，分泌酸性物質和酵素來分解骨質，並吸收從骨骼溶出的鈣質和磷酸。這些物質經由附近的微血管運送後，會使血液中的鈣質濃度上升。當濃度超過正常範圍，「甲狀腺」就會分泌降鈣素抑制破骨細胞的作用，減少骨質被吸收。之後，再由「成骨細胞」（osteoblast）在原處形成新骨。

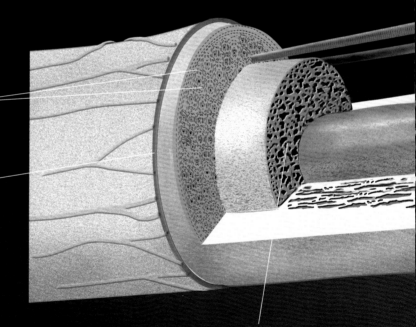

骨元

骨膜
遍布許多血管和神經的薄膜狀組織，所以對痛覺相當敏感。撞到小腿骨時會非常疼痛，就是因為脛骨沒有肌肉保護，撞擊時產生的痛感直接傳導至骨膜的緣故。

骨鬆質

骨質為防止劣化須不斷更新

若骨質形成速度大於被吸收速度，骨骼就會變粗；反之則變細。運動可以刺激成骨細胞產生新的骨質，因此只要鍛鍊肌肉就能讓相連的骨骼也變得粗壯。相反地，長期臥床的病人，由於骨質的形成速度小於被吸收速度，骨量會逐漸減少。

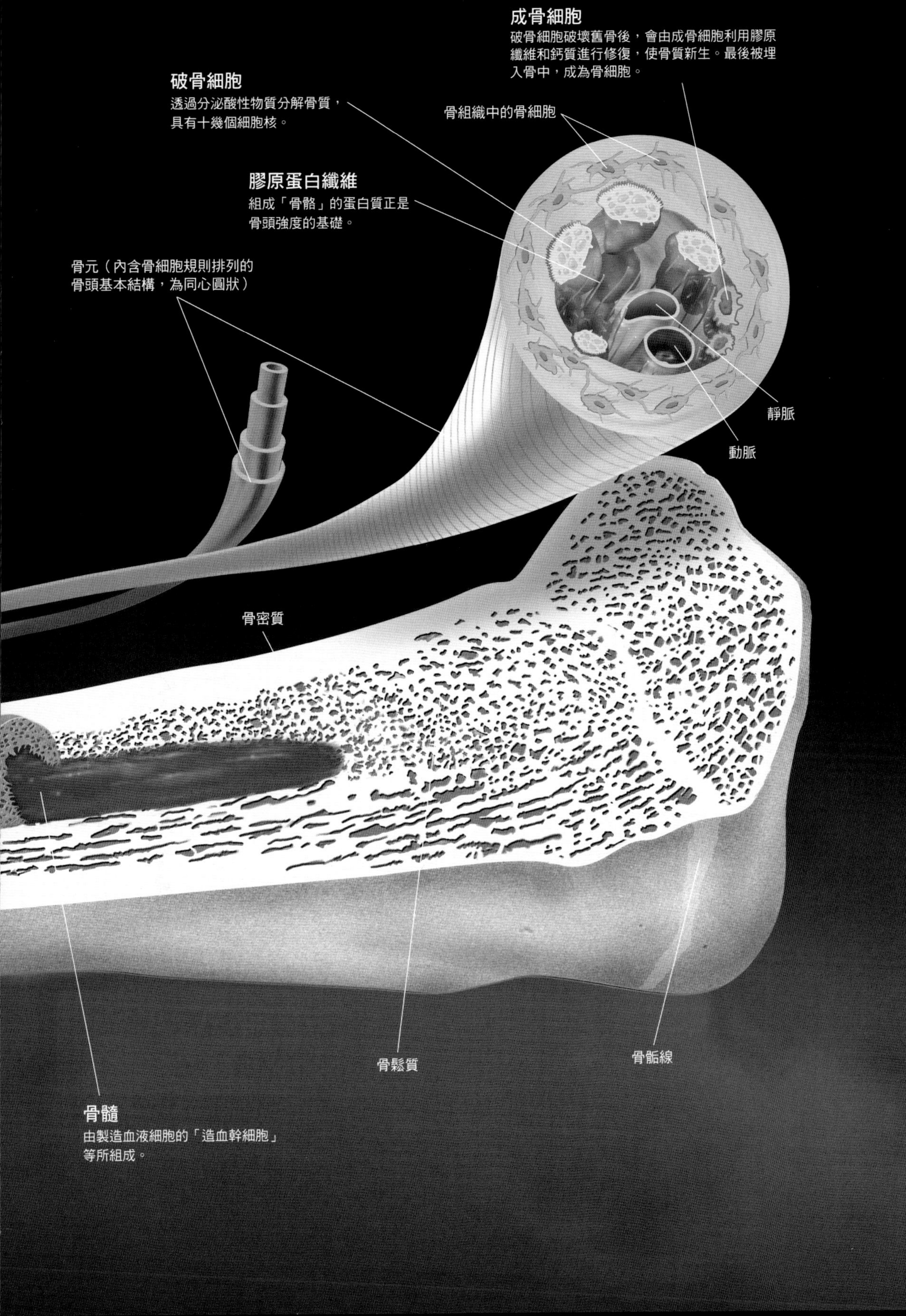

成骨細胞
破骨細胞破壞舊骨後，會由成骨細胞利用膠原
纖維和鈣質進行修復，使骨質新生。最後被埋
入骨中，成為骨細胞。

破骨細胞
透過分泌酸性物質分解骨質，
具有十幾個細胞核。

骨組織中的骨細胞

膠原蛋白纖維
組成「骨骼」的蛋白質正是
骨頭強度的基礎。

骨元（內含骨細胞規則排列的
骨頭基本結構，為同心圓狀）

靜脈

動脈

骨密質

骨鬆質

骨骺線

骨髓
由製造血液細胞的「造血幹細胞」
等所組成。

人類的骨骼得以用直立雙足步行

採「直立雙足步行」的人類骨骼，與其他靈長類的骨骼有許多不同之處。舉例來說，人類的骨盆呈碗狀結構，所以可從下方支撐住沉重的內臟。同時，呈S型彎曲狀的脊椎就在下肢的正上方，因此人類能夠平穩地直立步行。

膝蓋關節的「鎖扣機制」也是關鍵所在。構成人類膝蓋關節的股骨（大腿骨）和脛骨（小腿前側）的接觸部分，在伸展狀態下的接觸面積最大。人類不需藉由肌肉的力量即可長時間雙腳垂直站立，正是歸功於這個結構。當人站立時，若被別人出其不意地從膝蓋後方往前頂，就會軟腳失去平衡，也是不仰賴肌肉力量的證據之一。

由於人類左右兩側的股骨從髖關節處向內側傾斜，所以膝蓋下方的雙腳會靠近身體的中心線。當雙腳著地點間的距離變近，便有利於以直立的姿勢步行。

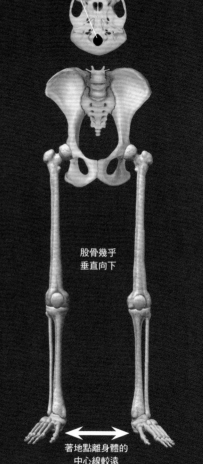

脊髓通過的孔洞靠近背部

黑猩猩的頭蓋骨（由下往上看）

股骨幾乎垂直向下

著地點離身體的中心線較遠

黑猩猩的骨骼

適合直立雙足步行的人體構造

人類的股骨從髖關節處向內傾，雙腳的著地點離身體的中心線較近，因此有利於直立步行的姿勢。黑猩猩等類人猿的股骨並無向內傾，所以採雙足步行時身軀會左右搖晃。

擁有巨大腦袋,採直立姿勢的人類,已逐步演化成頭部處於脊柱正上方並保持平衡的結構。因此類人猿脊柱與頭蓋骨連接的部位較接近背部,人類則較接近身體的中心線。

人類的骨骼

直立雙足步行

人類的頭蓋骨
(由下往上看)

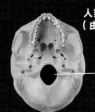

脊髓通過的孔洞(枕骨大孔)
靠近中央

脊柱會在腰椎的位置向前彎,從側面看呈S型。正下方就是雙腳,因此人類能夠平穩地直立步行。

尾骨(尾巴退化的痕跡)

股骨向
內側傾斜

與類人猿相比,人類骨盆的橫徑較寬,前後徑較短、深度較深,因此碗狀結構的骨盆具有從下方支撐住內臟的功能。

膝蓋關節不需藉由肌肉的力量即可維持「鎖住」的狀態

著地點離身體
的中心線較近

人類的腳底骨頭呈拱形排列,兩端由韌帶和肌肉負責支撐著。拱形結構會在腳底形成一個空凹狀,亦即足弓。

韌帶

足底長韌帶

肌肉

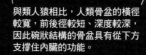

人體內有三種不同功能的肌肉

肌　肉可分成三大類型。「心肌」（cardiac-muscle）顧名思義，即形成心臟搏動的肌肉；「骨骼肌」（skeletal muscle）是讓四肢、軀幹進行各種動作的肌肉，能依照意志自由活動；「平滑肌」（smooth muscle）是分布於消化道、粗大血管等處的肌肉，無法如骨骼肌般可隨個人的意識進行活動。

人體內雖然有各種不同功能的肌肉，但每一種肌肉都是由名為肌纖維的細胞聚集而成。肌纖維具有奇妙的性質，與皮膚和骨骼的細胞不同，並無法進行分裂增生。但為何透過肌力訓練可以讓肌肉慢慢變粗呢？

當肌肉（肌纖維）承受的負荷增加，造成肌纖維的損傷，附近的衛星細胞便會開始增生。由於衛星細胞附著在肌纖維的表面，所以新加入的細胞核、蛋白質會讓修復後的肌纖維變得粗壯。換句話說，肌力訓練並不是為了增加肌纖維的數量，而是讓原有的肌纖維變粗。

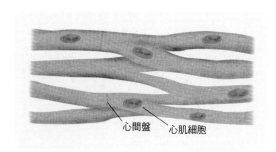

心肌
構成心臟壁的肌肉。心肌細胞之間以心間盤互相連結，呈網狀分布。藉由心肌的收縮，可以改變心房和心室的容積。

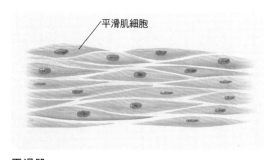

平滑肌
存在於食道和胃等消化道、氣管、膀胱、子宮、輸精管、血管的周圍等處。無法依照個人的意志活動，也沒有如骨骼肌和心肌般呈條紋狀。

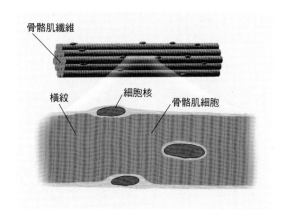

骨骼肌

主要附著於骨骼上的肌肉。每一條骨骼肌纖維皆由一個細胞所構成，直徑10～100微米、長約數毫米～15公分，擁有多個細胞核，有明顯的橫紋特徵。

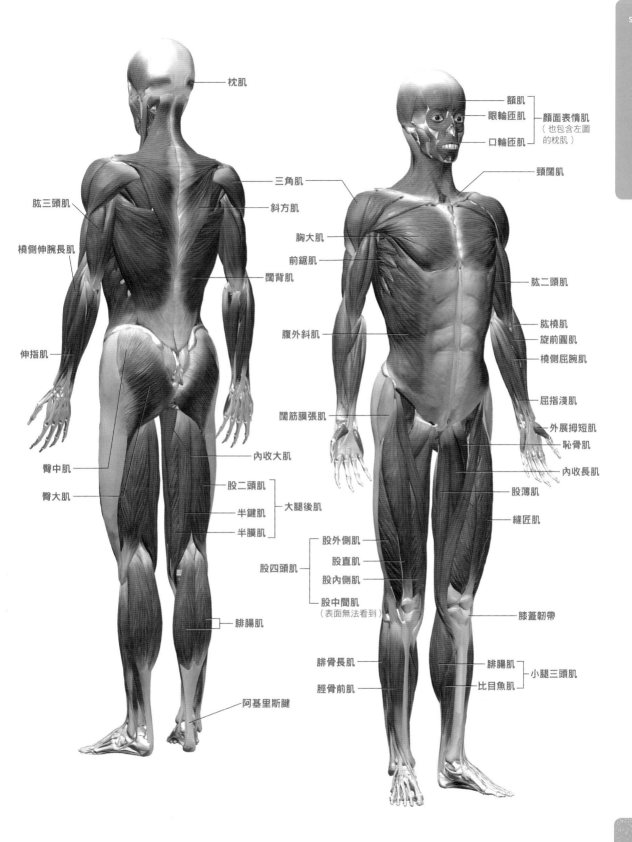

枕肌

額肌
眼輪匝肌
口輪匝肌
顏面表情肌
（也包含左圖
的枕肌）

頸闊肌

三角肌
斜方肌

肱三頭肌

胸大肌
前鋸肌

橈側伸腕長肌

肱二頭肌

闊背肌

肱橈肌
旋前圓肌
橈側屈腕肌

伸指肌

腹外斜肌

屈指淺肌

外展拇短肌
恥骨肌
內收長肌

闊筋膜張肌

臀中肌

內收大肌

股薄肌
縫匠肌

臀大肌

股二頭肌
半鍵肌
半膜肌
大腿後肌

股外側肌
股直肌
股內側肌
股中間肌
（表面無法看到）
股四頭肌

膝蓋韌帶

腓腸肌

腓骨長肌
脛骨前肌

腓腸肌
比目魚肌
小腿三頭肌

阿基里斯腱

肌肉是透過互相的協助而產生動作

「走路」、「用手抬起物體」等身體的任何動作，都須靠肌肉牽引骨骼來完成。附著在全身骨骼上的肌肉，即骨骼肌。骨骼肌會跨過關節附著於兩塊骨頭上面，而關節的作用就如同軸承一般，能夠做出上下左右及旋轉的動作。人體約有400塊骨骼肌，占體重的40～50%。

肌肉之間會互相協助，即使只是身體一部分的單純動作，也會牽涉到多塊肌肉。例如握緊拳頭、屈起手臂，肌肉就會隆起，這裡所指的是上臂前側的「肱二頭肌」，其收縮是肘關節屈曲的主要原動力。

位於肱二頭肌旁的「肱肌」，在肱二頭肌開始動作時會增加力道，協助抑制不需要同時動作的關節。此外，當肱二頭肌在收縮時，肌肉內側的「肱三頭肌」則會處於舒張的狀態。

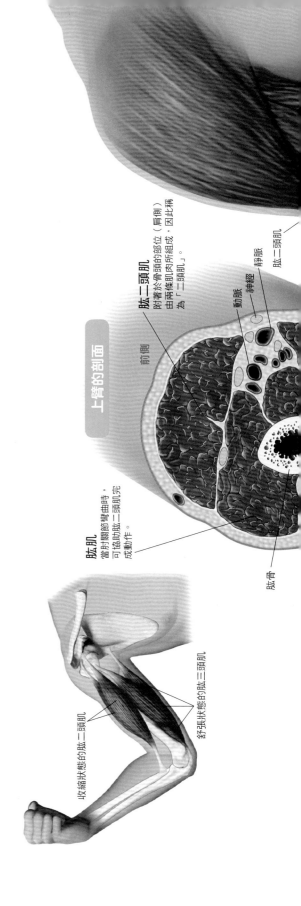

上臂的剖面

肱二頭肌
附著於骨頭的部位（肩側）由兩條肌肉所組成，因此稱為「二頭肌」。

肱三頭肌

靜脈

神經

動脈

前側

肱骨

肱肌
當肘關節彎曲時，可協助肱二頭肌完成動作。

收縮狀態的肱二頭肌

舒張狀態的肱三頭肌

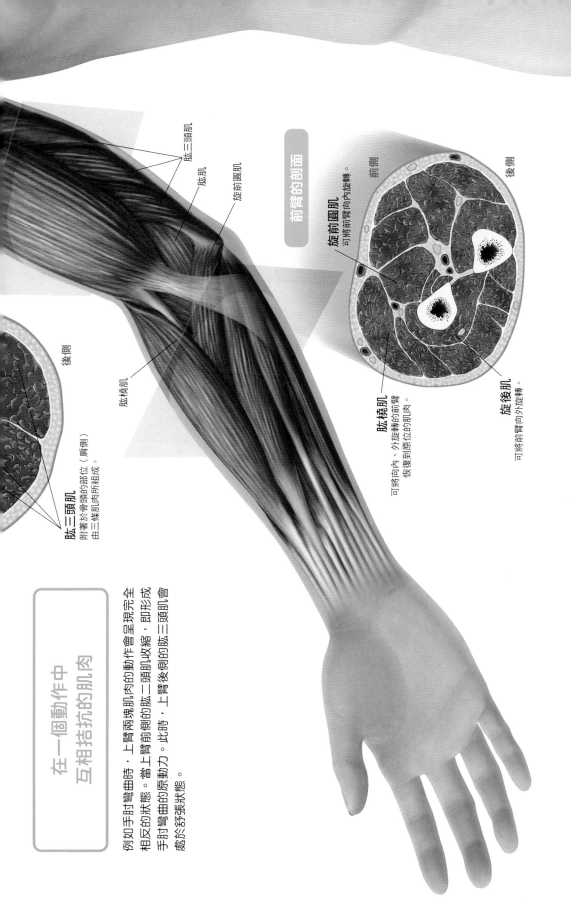

肱三頭肌

肱肌

旋前圓肌

前臂的剖面

前側

後側

旋前圓肌
可將前臂向內旋轉。

肱橈肌
可將向內、外旋轉的前臂
恢復到原位的肌肉。

旋後肌
可將前臂向外旋轉。

肱橈肌

後側

肱三頭肌
附著於骨頭的部位（肩側）
由三條肌肉所組成。

在一個動作中
互相拮抗的肌肉

例如手肘彎曲時，上臂兩塊肌肉的動作會呈現完全
相反的狀態。當上臂前側的肱二頭肌收縮，即形成
手肘彎曲的原動力。此時，上臂後側的肱三頭肌會
處於舒張狀態。

全身血管的總長度
幾乎等於地球的半徑

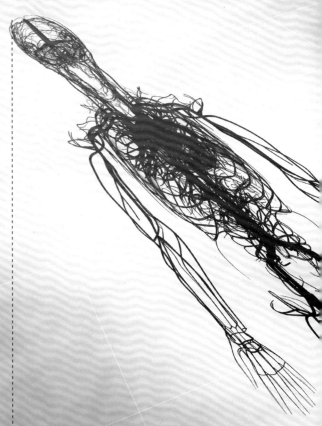

若連微血管也算在內，所有血管連接起來的總長度可達6000公里。6000公里的概念，幾乎就是地球半徑的距離。血液經由血管從心臟運送至全身後，會將氧和營養輸送給細胞，並將老舊廢物和二氧化碳帶離細胞。

人體的血液循環有兩種途徑，一種是流出心臟後繞行頭部和四肢，再回流到心臟（體循環）；另一種是離開心臟進入肺部，再從肺部送回心臟（肺循環）。體循環以心臟的主動脈為起點，隨著距離心臟越遠，血管會逐漸分支成直徑約0.1毫米的「小動脈」，接著再分支成直徑0.005～0.01毫米的「微血管」。微血管匯流後血液進入「小靜脈」，最後匯合至大靜脈返回心臟。

此外，靜脈約占全身血量的75%，動脈僅占18%（微血管為7%）※。

※：節錄自《〈系統看護學講座 專門基礎分區〉人體的構造與機能 [1] 解剖生理學》

專欄
COLUMN

對醫療有重要貢獻的鱟

內毒素檢測是評估注射器、導管等醫療器材及醫藥品（注射劑等）安全性的一種方法，會使用名為LAL試劑（Limulus Amebocyte Lysate）的藥品來進行測試，確認是否存在有引起發冷、發熱的細菌（內毒素）。一旦檢測出內毒素，LAL試劑會凝集成膠狀。

LAL試劑是利用鱟（美洲鱟等）的血液製成，為了防止因製造試劑而造成鱟數量的減少，所以當抽取到一定劑量的血液後就會放回海中。另一方面，目前也已經有不使用鱟的血液為原料的試劑。鱟的血液在體內原本是乳白色，若接觸到空氣就會因氧化反應而變成藍色，這是由於血液中含有銅離子的緣故。

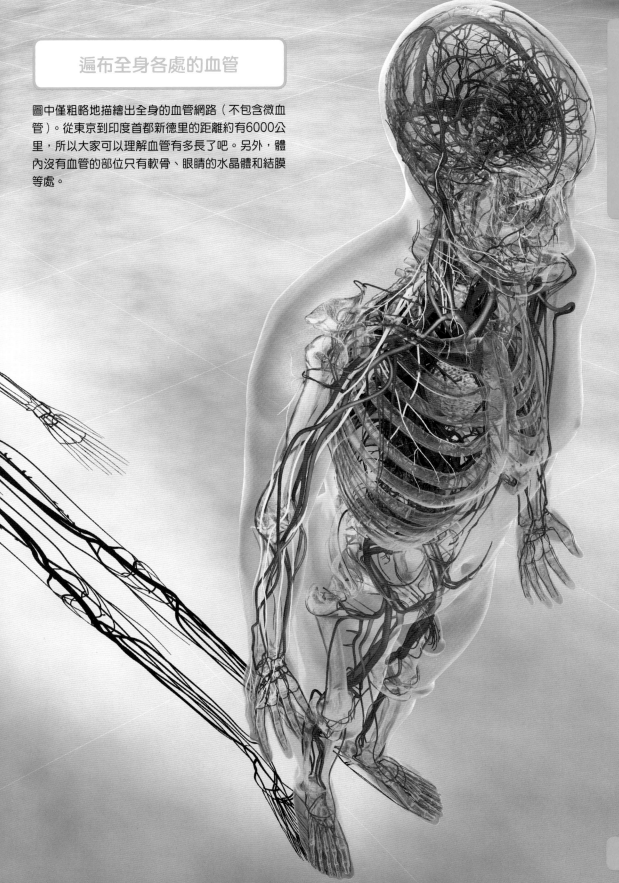

遍布全身各處的血管

圖中僅粗略地描繪出全身的血管網路（不包含微血管）。從東京到印度首都新德里的距離約有6000公里，所以大家可以理解血管有多長了吧。另外，體內沒有血管的部位只有軟骨、眼睛的水晶體和結膜等處。

血管的構造會因功能不同而有所差異

將血液帶離心臟的血管稱為「動脈」。動脈的管壁可分成內膜、中膜、外膜三層，由於動脈負責輸送血液至全身需承受較大的壓力，所以中膜是最厚的一層。若動脈被切斷會引起大量的出血，因此較粗的動脈血管大多潛藏在身體的深處。

將血液帶回心臟的血管稱為「靜脈」。從手背、手臂、大腿等處皆可以透過皮膚看到藍綠色血管，但靜脈的物理性質測定其實是灰色[※]。由於周圍的皮膚偏紅，在對比下產生錯覺所以看起來才是藍綠色的。

微血管的特徵是不只管徑最細，連管壁也最薄，基本上僅具一層相當於內膜的內皮細胞。而且血液的流速十分緩慢，每秒約0.5～1毫米左右。但也正因如此，才能在微血管中慢慢地進行物質的交換。

※：以顯示器使用的RGB表示法為「R（紅）182、G（綠）178、B（藍）158」
（出處：《靜脈顏色的錯覺》，北岡明佳，2014，日本色彩學會誌，38（4））。

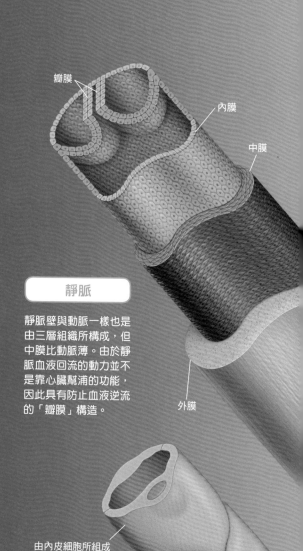

瓣膜　內膜　中膜　外膜

靜脈

靜脈壁與動脈一樣也是由三層組織所構成，但中膜比動脈薄。由於靜脈血液回流的動力並不是靠心臟幫浦的功能，因此具有防止血液逆流的「瓣膜」構造。

由內皮細胞所組成

血管的構造

越接近身體的末端，動脈和靜脈的管徑也越細（末端的血管稱為微血管）。較粗的動脈血管大多潛藏在身體的深處，但手腕和頸部等處的粗動脈較接近身體的表面，所以能夠測得脈搏的跳動。

微血管

遍布在人體的每一個角落，為血液與各部位細胞間進行氧、營養、老舊廢物等物質交換的場所。

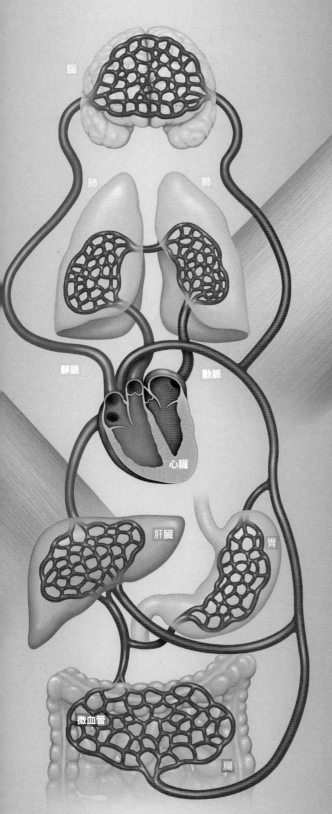

腦

肺　　肺

靜脈　　　　動脈

心臟

肝臟　　　胃

微血管

腸

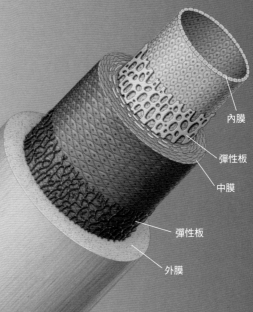

內膜

彈性板

中膜

彈性板

外膜

動脈

動脈的中膜比靜脈來得厚，並具有堅硬的彈性纖維「彈性板」補足管壁的強度。此外，動脈中流動的血液常以明色調的「鮮紅色」來形容，靜脈中流動的血液則以暗色調的「暗紫色」來表現。

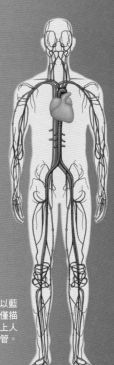

全身的血管
以紅色標示的是動脈，以藍色標示的是靜脈。本圖僅描繪出部分的血管，實際上人體全身各處都遍布著血管。

血液即判斷身體狀態的氣壓計

全身的血液量幾乎占據了體重的 8 ％，以體重60公斤的成人為例，血液就約有 5 公升。一般來說，若失去25％的血液就可能會有生命危險。

血液是由帶黃色液體的「血漿」，以及紅血球、白血球、血小板的「細胞成分」所組成。血漿占血液總體積的55％，當中多是水分。但血漿中也包含營養素，以及調節身體作用的「激素」等重要物質。另一方面，細胞成分的「紅血球」有運送氧的功能，「白血球」是負責抵抗外敵入侵體內，「血小板」則具有止血的作用。這些血液成分是人體維持生命不可或缺的物質，因此也被稱為「流動的器官」。

循環全身的血液當中，參雜著各種從身體各部位獲得的微量物質，因此透過分析血液就能了解身體的健康狀況。

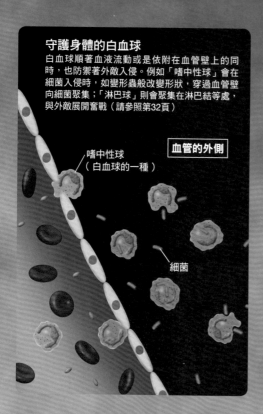

守護身體的白血球

白血球順著血液流動或是依附在血管壁上的同時，也防禦著外敵入侵。例如「嗜中性球」會在細菌入侵時，如變形蟲般改變形狀，穿過血管壁向細菌聚集；「淋巴球」則會聚集在淋巴結等處，與外敵展開奮戰（請參照第32頁）

血管的外側

嗜中性球
（白血球的一種）

細菌

混雜在血液中的微量物質

紅血球

直徑0.007～0.008毫米、厚度約0.002毫米，負責運送氧至全身各部位。即使在極為狹窄、直徑約0.01～0.005毫米的微血管當中，也能變形通過。

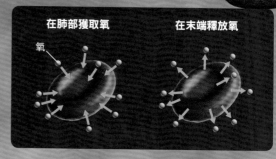

在肺部獲取氧　　　　在末端釋放氧

氧

血液由血漿和細胞成分所組成

血液之所以呈紅色，就是因為細胞成分的紅血球是紅色的緣故。此外，血漿成分會透過血管的間隙穿梭在血管內外，但細胞成分中的紅血球和血小板基本上不會離開血管。

血小板

大小約0.002毫米，為負責止血的細胞碎片。

止血的運作方式

血管破裂後（**1**），血小板會變形成外表凸起的不規則形狀（讓彼此容易附著），形成初級血栓覆蓋在血管的傷口上（**2**）。從血纖維蛋白原變化而來的「血纖維蛋白」相互連結形成長條纖維狀，補強初級血栓成為更堅固的次級血栓覆蓋在血管上止血（**3**）。

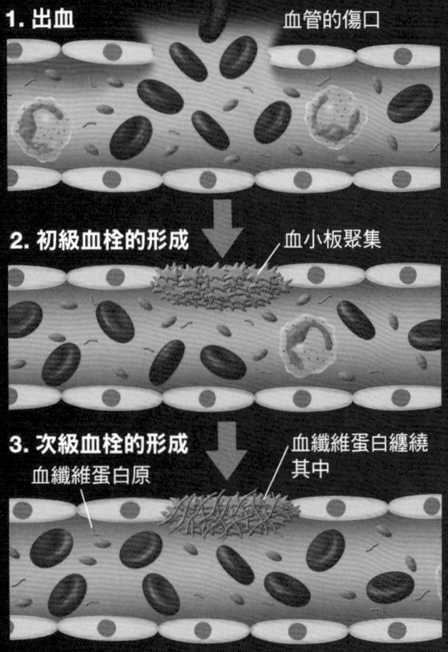

1. 出血　　　　　　　　　血管的傷口

2. 初級血栓的形成　　　血小板聚集

3. 次級血栓的形成　　　血纖維蛋白纏繞其中

血纖維蛋白原

白血球

負責擊退入侵體內的外敵。白血球有許多種類，大小約0.006～0.03毫米。大部分都會在血管以外的地方，只有一部分會在血管當中。

紅血球和白血球都是由造血幹細胞所製造

白血球、紅血球、血小板等血液的細胞成分，雖然看似毫無共通之處，但實際上都是由造血幹細胞製造而成。

造血幹細胞是大量存在於骨髓內的細胞。骨髓為骨頭內部的柔軟組織（請參照第17頁），應該不少人在吃帶骨炸雞之類的食物時會看到吧。造血幹細胞會經由細胞分裂自行增加數量，然後一部分變化成「紅血球的細胞」，另一部分變化成「白血球的細胞」，利用這樣的方式而逐漸變化，這稱為「細胞分化」。以血小板為例，造血幹細胞分化成巨核胚細胞、巨核細胞，最後巨核細胞的細胞質破裂成碎片，進入到微血管變成血小板。

在骨髓中經過分化後的成熟紅血球、白血球和血小板（部分白血球仍是未成熟的狀態）會進入骨髓中的微血管，並向全身各處流動。

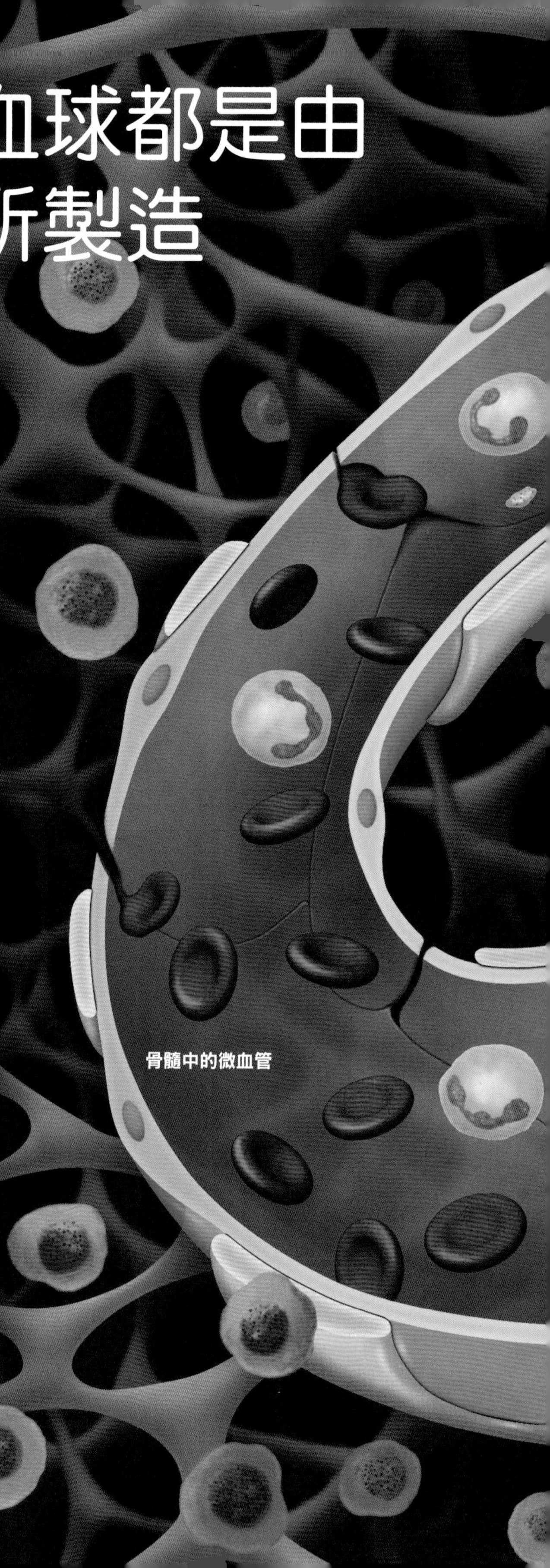

骨髓中的微血管

血液從骨髓流向全身

血液的細胞成分，僅由單一種造血幹細胞分化製造而成。圖中只顯示部分的分化過程，實際上需經過更多的階段才有辦法分化。另外，死亡的紅血球或血小板會在脾臟等內臟內被巨噬細胞清除。

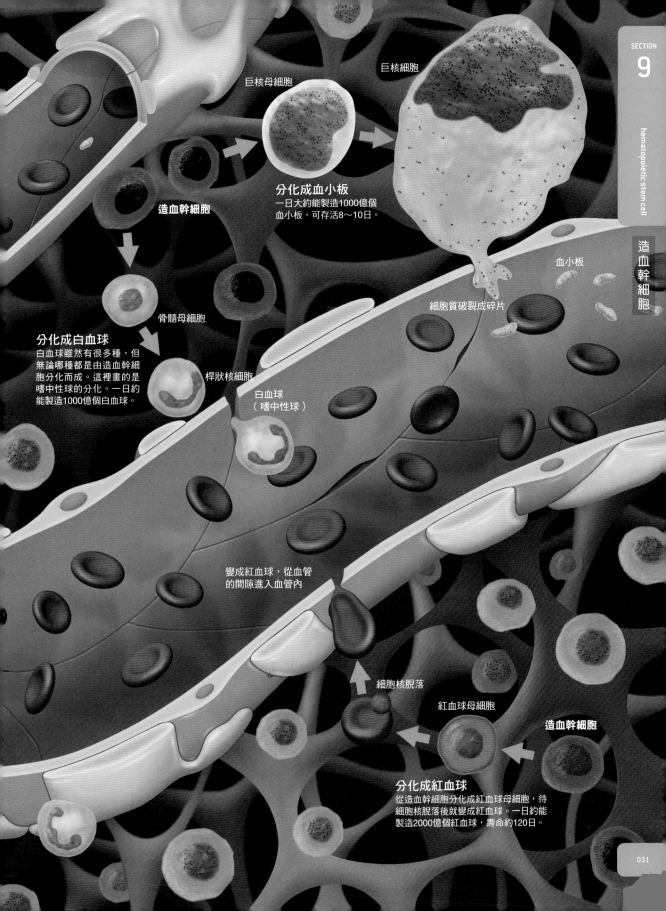

巨核母細胞

巨核細胞

造血幹細胞

分化成血小板
一日大約能製造1000億個
血小板,可存活8～10日。

血小板

細胞質破裂成碎片

骨髓母細胞

分化成白血球
白血球雖然有很多種,但
無論哪種都是由造血幹細
胞分化而成。這裡畫的是
嗜中性球的分化。一日約
能製造1000億個白血球。

桿狀核細胞

白血球
(嗜中性球)

變成紅血球,從血管
的間隙進入血管內

細胞核脫落

紅血球母細胞

造血幹細胞

分化成紅血球
從造血幹細胞分化成紅血球母細胞,待
細胞核脫落後就變成紅血球。一日約能
製造2000億個紅血球,壽命約120日。

負責將老舊廢物排出體外的淋巴

「淋巴管」為淋巴液流動的通道,與血管一樣遍布在全身各處。其組織以「淋巴微管」開始,之後集結成「淋巴管」(lymphatic duct)匯入鎖骨下的靜脈。

淋巴管內流動的「淋巴液」(lymph)呈淡黃色。血漿從微血管滲出後成為組織液,組織液流入淋巴管後就稱為淋巴液,負責從細胞回收老舊廢物、多餘水分,以及運送對病原體發動攻擊的淋巴球。淋巴球是白血球的

一種,按其發育成熟部位的不同又可分為T細胞和B細胞。

在淋巴管的路徑上,會有如蠶豆般大小的器官「淋巴結」。人體內共有300～600個淋巴結,具有過濾淋巴液的功能,負責將毒素、細菌等異物清除。淋巴結內有名為巨噬細胞的免疫細胞,會攔截淋巴液中的異物並將之吞噬及消化。若淋巴液的流動受阻,身體可能會出現腫脹的症狀。

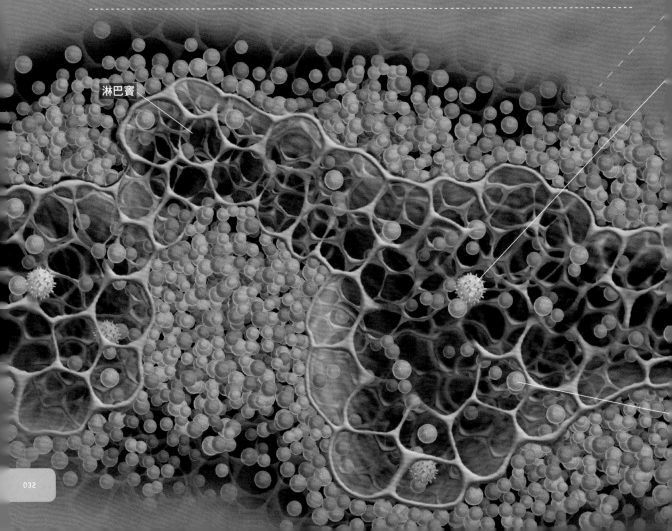

淋巴竇

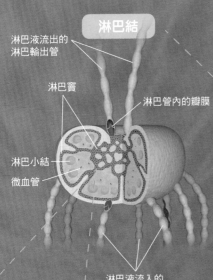

淋巴結

淋巴液流出的
淋巴輸出管

淋巴竇

淋巴管內的瓣膜

淋巴小結

微血管

淋巴液流入的
淋巴輸入管

將異物分解的
巨噬細胞

網狀細胞

淋巴球
（T細胞・B細胞）

淋巴液從淋巴輸入管
和靜脈流入淋巴結，
通過淋巴竇後由淋巴
輸出管流出。

扁桃腺
淋巴結集結成群的免疫
組織，會對進入口鼻的
病原體進行免疫反應。

胸腺
「T細胞的前身」由造
血幹細胞生成，進入胸
腺後會分化為成熟的T
細胞。

脾臟
負責清除血液中的老舊
紅血球和血小板，以及
儲存T細胞、攻擊混入
血液中的病原體。

淋巴管

骨髓
為造血幹細胞製造出各種
血球以及B細胞分化成熟
的場所。

遍布全身各處的淋巴管

淋巴管內流動的液體稱為淋巴液。血漿從微血管滲出後成為組織液，流
入淋巴管後即為淋巴液，細胞的老舊廢物、病原體等異物也混雜在其
中。此外，沿著淋巴管路徑分布的淋巴結聚集了許多免疫細胞，會針對
混合在淋巴液中流過來的病原體等異物展開攻擊。

＊插圖僅顯示淋巴管的一部分，而且沒有繪出連接靜脈的淋巴管。

腦是人體的指揮中心

「**腦**」是維持生命、掌管運動和精神活動的人體指揮中心。腦的重量為1200～1500公克，雖然僅占體重的2～3％，但心臟每次跳動輸送的血液中，約有15％會輸送到腦，腦同時消耗了20％人體能量來源的葡萄糖供給量。

人體中最發達的是「大腦」（cerebrum），在其外層的「大腦皮質」（cerebral cortex）就占了腦全部重量的4～5成，負責處理視覺、聽覺的感覺訊息，下達運動指令，並進行高度的精神活動。

「小腦」（cerebellum）若發生損傷，便無法正常行走，因為小腦是負責雙腳肌肉在適當時機交互收縮的指令中心。如果「間腦」（interbrain）或「延腦」（modulla oblongate）受損，連生命都很難維持下去，因為間腦是透過激素的分泌來控制所有與消化、吸收和排泄有關的器官，延腦則掌管了呼吸和血液循環。

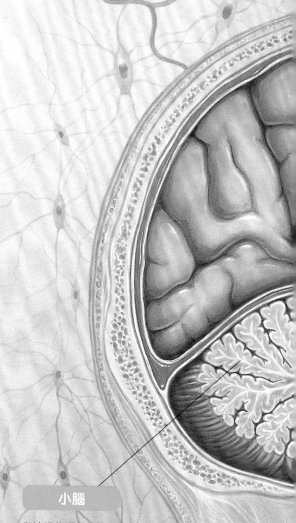

小腦

與流暢的運動能力等功能有關。

延腦

連結腦和脊髓，調節呼吸與全身血液的流動。

專欄 COLUMN

記憶與健忘

有時候我們會忘記原先預定要進行的事項，例如早上原本預定「回家路上要買雜誌」，結果卻沒去書店就直接回家了。此時如果能重現與記憶當時同樣的情況，就比較容易想起來。這是由於人的記憶會與各種訊息連結，形成一個網路。特定名詞（例如人名）因為與其他記憶的連結性較弱，就屬不易想起的內容之一。換句話說，「健忘」並非喪失記憶，只是找不到前往記憶的途徑罷了。

大腦

大腦皮質可分為舊皮質、古皮質和新皮質。包含人類在內的高等動物以新皮質最為發達，是靈長類動物發展出智力的關鍵部位。

視丘

下視丘

橋腦

腦垂腺

間腦
由視丘和下視丘組成。為感覺訊息的中繼站，且可調節內臟的功能。

胼胝體
連結左右大腦半球的神經束。

中腦

與傳達視覺和聽覺訊息、協調軀體運動有關。

右腦

胼胝體

腦室
（充滿腦脊髓液的內部空間）

大腦皮質

視丘

白質

尾核

蒼白球

殼核

海馬迴

紋狀體

**由前側看過去的
大腦半球剖面**

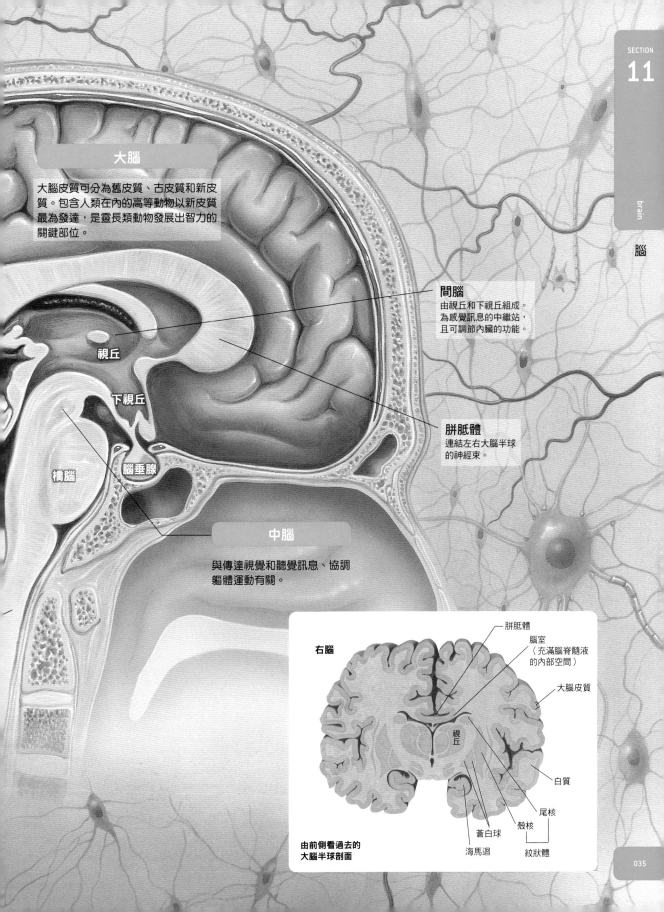

大腦依照部位而有不同的功能

「大腦」的表面布滿著皺褶，這是因為將集結各種功能而大幅成長的一片皮層（大腦皮質），塞入有限的空間所導致。

大腦皮質會依照各種區域而有不同的作用，例如頭後側的「初級視覺區」受傷的話，就可能會造成視力受損。從五官所接收到的訊息會分別傳送至大腦的不同區域，而眼睛所看到的訊息就是傳送到初級視覺區。

圖中將腦分成左右兩半，並以顏色來區分

大腦皮質，數字則是由德國解剖學家布洛德曼（Korbinian Brodmann，1868～1918）所制定的區域編號。布洛德曼觀察大腦皮質的6層構造，以各層的厚度不同等為基礎，在1909年發表一份將人類大腦分成43區（因包括空號有52區）的圖，稱為「布洛德曼分區」（Brodmann area），至今仍用來表示腦的各個部位。

額葉
　初級運動區（4區）
　前運動區（6）
　額葉眼動區（8）
　前額葉皮質區（9、10、11）
　布洛卡區（44、45）

頂葉
　初級體感覺區（3、1、2區）
　次級體感覺區（5、7）
　頂葉聯合區（39、40）
　初級味覺區（43）

枕葉
　初級視覺區（17區）
　次級視覺區（18）
　三級視覺區（19）

顳葉
　初級聽覺區（41、42區）
　次級聽覺區／韋尼克（22）
　顳葉聯合區（20、21）
　初級嗅覺區（28）

邊緣系統
　位於大腦半球的內側。胼胝體的前、上和後方一帶也稱為「扣帶迴」。

大腦半球

大腦左半球

額極
前額葉皮質區負責監視和調控整個腦部的運作，主要工作有短期記憶的「工作記憶」及「自我控制」。10區的額極，則是前額葉皮質區中專門處理「推論」等較複雜問題的區域。

10區

11區

布洛德曼分區

在大腦當中，發現好幾個人類特別發達的區域。主要如：圖中以白色框起來的頂下小葉、韋尼克區、布洛卡區、額極、前扣帶迴等。一般認為這些區域與抽象概念、語言、自我克制和社會性等人類特有的能力相關。

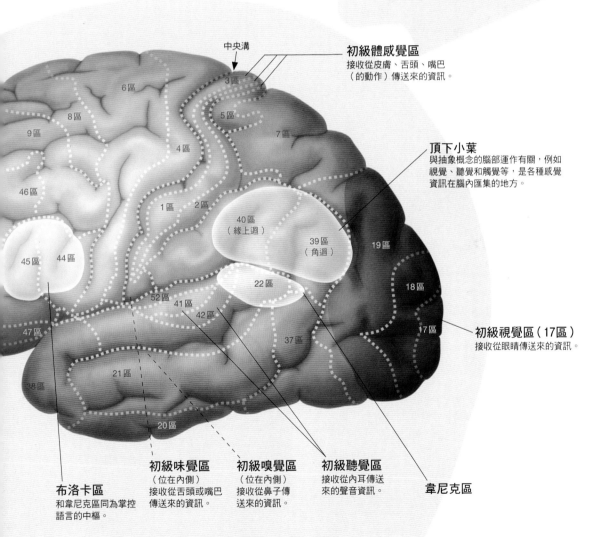

大腦右半球

前扣帶迴
與「站在他人觀點思考」
的能力相關。

中央溝

初級體感覺區
接收從皮膚、舌頭、嘴巴
（的動作）傳送來的資訊。

頂下小葉
與抽象概念的腦部運作有關，例如
視覺、聽覺和觸覺等，是各種感覺
資訊在腦內匯集的地方。

40區
（緣上迴）

39區
（角迴）

初級視覺區（17區）
接收從眼睛傳送來的資訊。

布洛卡區
和韋尼克區同為掌控
語言的中樞。

初級味覺區
（位在內側）
接收從舌頭或嘴巴
傳送來的資訊。

初級嗅覺區
（位在內側）
接收從鼻子傳
送來的資訊。

初級聽覺區
接收從內耳傳送
來的聲音資訊。

韋尼克區

COLUMN

人類為什麼能說話

人類能使用語言，主要是因為擁有高智能的大腦。我們的大腦皮質之中，有「布洛卡區」（運動性語言中樞）和「韋尼克區」（感覺性語言中樞）。布洛卡區一旦損傷，就算有想說的話也會變得無法正確表達；若韋尼克區損傷，就會變得無法理解話語的涵義。

從久遠的化石中發現，人類的祖先直立人（180萬～5萬年前）的腦部，具有相當於語言中樞的構造。雖說構造與人類相似，但並無法斷定直立人是否會說話。而較接近現代人類的克洛曼儂人（4萬～1萬年前）留有壁畫的遺跡，也有人認為若智力沒有發展到能保留這般「文化」的程度，應該不可能有語言能力的。

關鍵在於「喉部」的變化

話說回來，就與發聲相關的身體構造面來說，人類確實有異於其他哺乳類、靈長類的特徵。位於氣管上端、作為空氣通道的稱為「喉部」，作為食物通道的稱為「咽部」，兩方前端相互連結。喉部中央的皺褶狀構造稱為「聲帶」（vocal cords），透過聲帶的振動可以發出聲音。以人類來說，當聲音通過口腔之際，會受到舌頭、嘴唇、牙齒的影響讓振動產生變化，所以能製造出多樣化的聲音。

至於人類以外的哺乳類，由於喉部的前端位置較人類高一些，就置於鼻腔後方，聲帶製造出來的空氣振動會平白從鼻子外洩。因此一般認為人類以外的哺乳類正因為如此，即使能夠鳴吠啼叫，卻無法像人類一樣有豐富多樣的「聲調」。

那麼，為什麼人類的喉部位置比較低呢？據推測是演化成雙足步行後，脊柱朝頭部的中央靠近（請參照第18頁），再加上咀嚼（咬碎食物）功能退化造成齒列向後退，當空間變得狹窄，喉部也不得不往下移動了。

肺

氣囊
輔助肺的囊袋

鳴管

鳥的鳴叫聲來自位於氣管與支氣管交界處的「鳴管」（syrinx）。鳴管具有皺褶狀的薄膜，可隨著氣流的振動發出聲音。

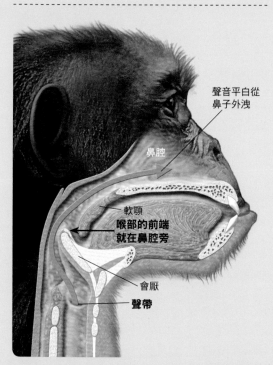

聲音平白從鼻子外洩

鼻腔

軟顎

喉部的前端就在鼻腔旁

會厭

聲帶

哺乳類中除了人類以外的喉部位置都比較高，緊鄰鼻腔的後側。以致於從聲帶製造出來的聲音平白從鼻子外洩，無法在口腔內調整聲音。

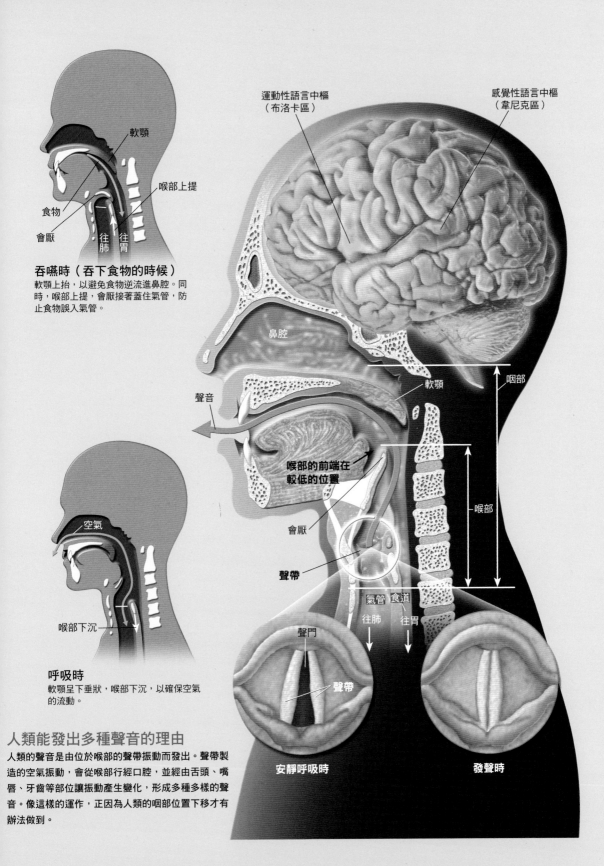

吞嚥時（吞下食物的時候）

軟顎上抬，以避免食物逆流進鼻腔。同時，喉部上提，會厭接著蓋住氣管，防止食物誤入氣管。

軟顎

喉部上提

食物

會厭

往肺　往胃

呼吸時

軟顎呈下垂狀，喉部下沉，以確保空氣的流動。

空氣

喉部下沉

人類能發出多種聲音的理由

人類的聲音是由位於喉部的聲帶振動而發出。聲帶製造的空氣振動，會從喉部行經口腔，並經由舌頭、嘴唇、牙齒等部位讓振動產生變化，形成多種多樣的聲音。像這樣的運作，正因為人類的咽部位置下移才有辦法做到。

運動性語言中樞
（布洛卡區）

感覺性語言中樞
（韋尼克區）

鼻腔

軟顎

咽部

喉部的前端在較低的位置

喉部

會厭

聲帶

氣管　食道

往肺　往胃

聲門

聲帶

安靜呼吸時

發聲時

脊髓扮演跟腦同樣重要的角色

「脊」髓」和腦都擔負著重責大任，處理從各種感覺器官傳來的訊息。例如當我們看到球飛過來時會馬上縮頭，碰到燙的東西時也會瞬間縮手。這個稱為「反射」（reflex）的機制，就是由脊髓所控制。當皮膚受到刺激時，訊息通常是由脊髓或大腦傳送至肌肉；但反射的動作就不會經由大腦，而是直接由脊髓下達指令給肌肉。

脊髓兩側有許多成對延伸出的神經，位於背側的是「感覺神經」（sensory nerve），負責將身體各部位接收到的訊息傳至脊髓；位於腹側的是「運動神經」（motor nerve），負責將腦或脊髓下達的指令傳至身體的肌肉。這些神經會在脊柱的末端匯合，形成「脊髓神經」（spinal nerve）。

感覺神經和運動神經稱為「體神經系統」，基本上是隨著意識來活動的神經（熟練的動作可在無意識的狀態下進行）。

脊柱內的脊髓

脊髓位於脊柱（椎骨縱向排列構成）的椎管內，表面由三層腦膜（脊髓硬膜、蛛網膜、軟腦膜）覆蓋保護著，脊髓神經則分別從兩側的椎骨孔延伸出去。

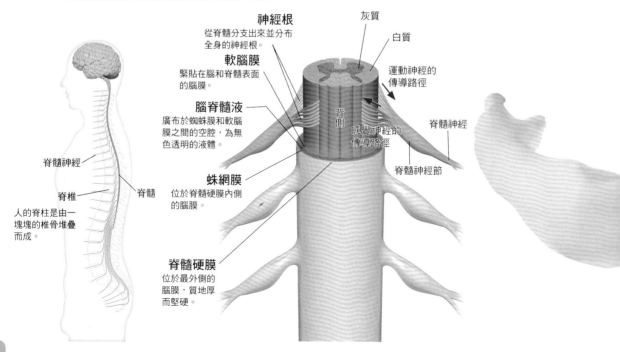

神經根
從脊髓分支出來並分布全身的神經根。

軟腦膜
緊貼在腦和脊髓表面的腦膜。

腦脊髓液
廣布於蛛蛛膜和軟腦膜之間的空腔，為無色透明的液體。

蛛網膜
位於脊髓硬膜內側的腦膜。

脊髓硬膜
位於最外側的腦膜，質地厚而堅硬。

灰質

白質

運動神經的傳導路徑

背側

感覺神經的傳導路徑

脊髓神經

脊髓神經節

脊髓神經

脊椎
人的脊柱是由一塊塊的椎骨堆疊而成。

脊髓

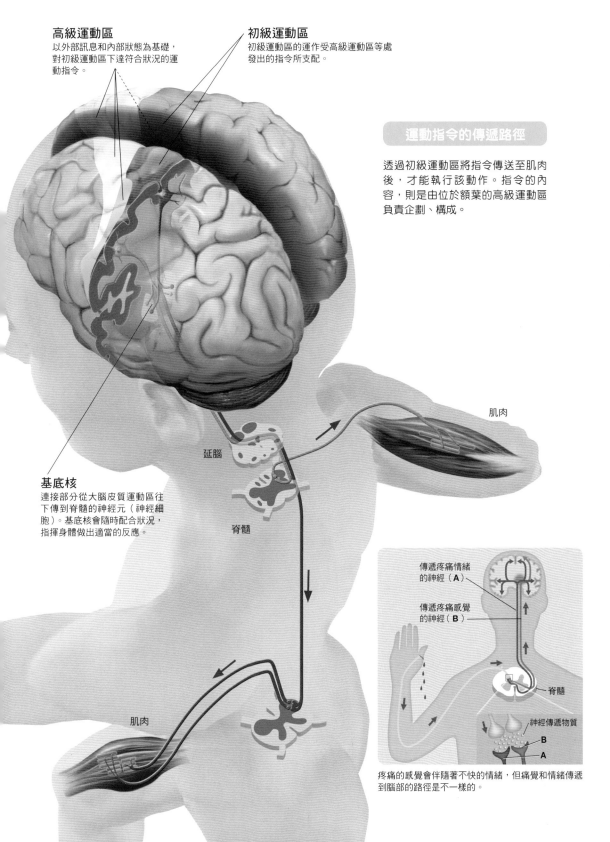

高級運動區
以外部訊息和內部狀態為基礎，
對初級運動區下達符合狀況的運
動指令。

初級運動區
初級運動區的運作受高級運動區等處
發出的指令所支配。

運動指令的傳遞路徑

透過初級運動區將指令傳送至肌肉
後，才能執行該動作。指令的內
容，則是由位於額葉的高級運動區
負責企劃、構成。

延腦

脊髓

基底核
連接部分從大腦皮質運動區往
下傳到脊髓的神經元（神經細
胞）。基底核會隨時配合狀況，
指揮身體做出適當的反應。

肌肉

肌肉

傳遞疼痛情緒
的神經（**A**）

傳遞疼痛感覺
的神經（**B**）

脊髓

神經傳遞物質

B

A

疼痛的感覺會伴隨著不快的情緒，但痛覺和情緒傳遞
到腦部的路徑是不一樣的。

人體內約有1000億個神經細胞

人體並不只是細胞的集合體，必須加上各細胞間的相互協調與合作才能構成一個完整的個體，而負責統合並調節所有細胞的就是「神經」和激素。

神經系統可以分為由腦和脊髓所組成的「中樞神經系統」，以及連接中樞神經和身體各部位的「周邊神經系統」。周邊神經（又稱周圍神經）又可再分成連接肌肉的運動神經，以及連接感覺器官的感覺神經、連接內臟的自律神經等等。

人體內據說約有1000億個神經細胞（neuron，神經元）。神經細胞是由細胞體延伸出來的突起所組成，分為樹突（dendrite）和軸突（axon）兩種。「樹突」負責接收其他細胞傳來的訊息（刺激），「軸突」負責將訊息傳給其他的細胞。而位於軸突末端與其他細胞之間的「突觸」（synapse），就是傳遞訊息的地方。每個神經細胞擁有100～10萬個突觸。

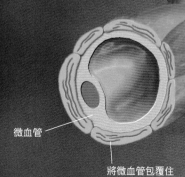

微血管

將微血管包覆住的星狀細胞突起

寡樹突細胞

軸突（剖面）

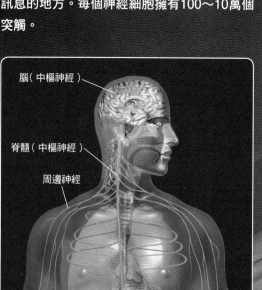

腦（中樞神經）

脊髓（中樞神經）

周邊神經

中樞神經的髓鞘

由寡樹突細胞纏繞而成，具有保護軸突的絕緣作用。

＊此處雖然沒有描繪出來，但腦部其實也有周邊神經，例如迷走神經、三叉神經等等。

星狀細胞
為神經細胞與周圍構造物之間的支柱。特別包覆著微血管，能從血液輸送物質到神經細胞。

從別的神經元延伸過來的軸突

樹突

突觸

粗糙內質網

細胞核

高基氏體

細胞體

微膠細胞

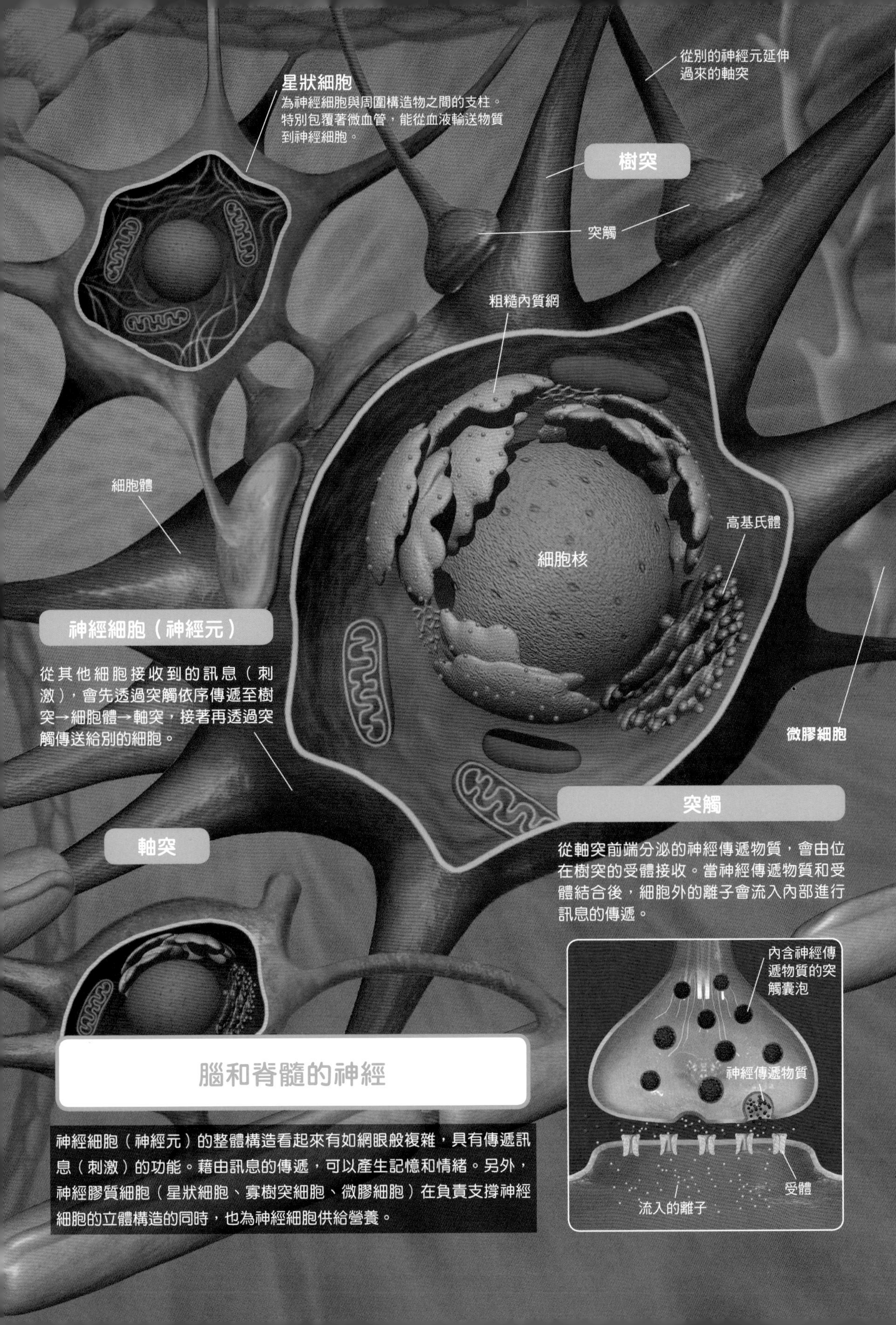

神經細胞（神經元）

從其他細胞接收到的訊息（刺激），會先透過突觸依序傳遞至樹突→細胞體→軸突，接著再透過突觸傳送給別的細胞。

軸突

突觸

從軸突前端分泌的神經傳遞物質，會由位在樹突的受體接收。當神經傳遞物質和受體結合後，細胞外的離子會流入內部進行訊息的傳遞。

腦和脊髓的神經

神經細胞（神經元）的整體構造看起來有如網眼般複雜，具有傳遞訊息（刺激）的功能。藉由訊息的傳遞，可以產生記憶和情緒。另外，神經膠質細胞（星狀細胞、寡樹突細胞、微膠細胞）在負責支撐神經細胞的立體構造的同時，也為神經細胞供給營養。

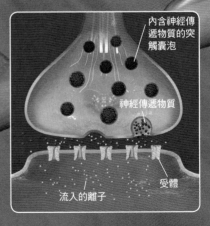

內含神經傳遞物質的突觸囊泡

神經傳遞物質

受體

流入的離子

自律神經和激素
維持體內環境的穩定

腦的下視丘透過兩個機制，能夠自動地（無意識）調節體內的環境。

其中之一是「自律神經」。自律神經的組成主要有交感神經（sympathetic nerve）和副交感神經（parasympathetic nerve）。「交感神經」從脊髓的胸部到腰部附近向外延伸，沿著脊髓上下連結形成交感神經幹。「副交感神經」從腦和脊髓的末端附近延伸而出，與交感神經擁有完全相反的作用。此外，同一個器官大多交感神經和副交感神經兩邊都會連結。

一旦身體遇到了危險或壓力，交感神經就會開始運作。當交感神經活化時，神經的末端就會釋放出稱為「去甲基腎上腺素」（norepinephrine）的神經傳遞物質。當去甲基腎上腺素對心臟、血管等部位產生作用，流入全身肌肉的血液量便會增加，導致心跳加快、呼吸急促。交感神經的反應會在遭受壓力的數秒內啟動，然後在壓力消失後迅速回到原來的狀態。

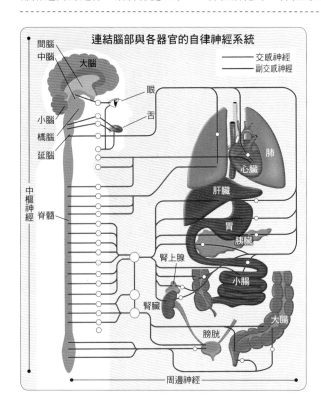

連結腦部與各器官的自律神經系統

間腦
中腦
大腦
小腦
橋腦
延腦
中樞神經
脊髓

—— 交感神經
—— 副交感神經

眼
舌

肺
心臟
肝臟
胃
胰臟
腎上腺
小腸
腎臟
大腸
膀胱

周邊神經

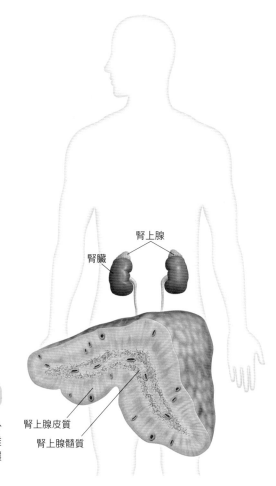

腎臟
腎上腺

腎上腺皮質
腎上腺髓質

腎上腺

腎上腺的皮質除了分泌皮質醇（cortisol）外，還會分泌讓血壓上升的醛固酮（aldosterone）、性激素「雄性激素」（androgen）。此外，內側的髓質會分泌讓心跳加速和血壓上升的腎上腺素（adrenaline）。

相反地，在放鬆的狀態或睡眠中，則是由副交感神經上陣，此時會呈現心跳和緩、呼吸規律、流汗減少等反應。若長期處於壓力之中，自律神經的平衡便會崩壞，並可能引起失眠、暈眩、頭痛等症狀（自律神經失調）。

作用較為緩慢的「激素」

另一個調節體內環境的機制是「激素」（內分泌系統）。透過血流影響特定器官的物質，統稱為激素（hormone，又稱荷爾蒙）。

當引發壓力的訊息傳送至大腦杏仁核到下視丘一帶，下視丘的神經細胞便會分泌「促腎上腺皮質素釋放激素」（CRH）到血液中。待激素流入下視丘下方的腦垂腺（參照第46頁），腦垂腺會分泌「促腎上腺皮質素」（ACTH）到血液中。而腎臟上方的腎上腺（皮質）受到隨著血液循環流至全身的ACTH刺激後，會釋放出稱為「糖皮質素」（glucocorticoids）的激素，對免疫細胞、肝臟產生作用，結果引起免疫力下降、血糖值上升的反應。

由於激素（內分泌）的反應必須透過血液，因此遇到壓力後需要數分鐘才會開始有反應，而且即使壓力消失，該反應可能還會持續數小時之久。

自律神經和激素是身體的防禦機制

如前所述，自律神經和激素調節內臟、血管機能的作用，確保體內環境維持在一定的範圍內。除了能快速供給醣類作為身體能量來源外，還可暫時抑制不需要的功能，好讓身體能迅速移動，以備逃避危險或面臨飢餓時的不時之需。

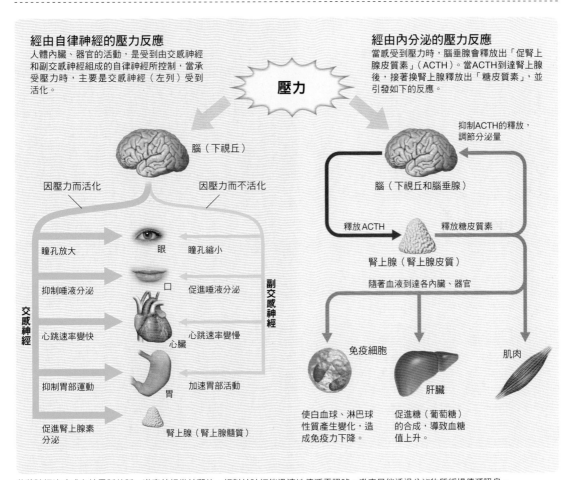

經由自律神經的壓力反應
人體內臟、器官的活動，是受到由交感神經和副交感神經所組成的自律神經所控制，當承受壓力時，主要是交感神經（左列）受到活化。

壓力

腦（下視丘）

因壓力而活化 ‖ 因壓力而不活化

瞳孔放大　　眼　　瞳孔縮小

抑制唾液分泌　　口　　促進唾液分泌

心跳速率變快　　　　心跳速率變慢
　　　　　　　心臟

抑制胃部運動　　　　加速胃部活動
　　　　　　　胃

促進腎上腺素分泌　　腎上腺（腎上腺髓質）

交感神經

副交感神經

經由內分泌的壓力反應
當感受到壓力時，腦垂腺會釋放出「促腎上腺皮質素」（ACTH）。當ACTH到達腎上腺後，接著換腎上腺釋放出「糖皮質素」，並引發如下的反應。

抑制ACTH的釋放，調節分泌量

腦（下視丘和腦垂腺）

釋放ACTH　　釋放糖皮質素

腎上腺（腎上腺皮質）

隨著血液到達各內臟、器官

免疫細胞

使白血球、淋巴球性質產生變化，造成免疫力下降。

肝臟

促進糖（葡萄糖）的合成，導致血糖值上升。

肌肉

若將神經比喻成有線電話的話，激素就相當於郵件。相對於神經能迅速地傳遞電訊號，激素只能透過分泌物質緩慢傳遞訊息。

腦垂腺是激素的指揮塔

人體的各種器官都存在能分泌激素的細胞。專門執行分泌激素功能的獨立器官則有腦垂腺、甲狀腺、腎上腺等[※]。另外，生殖系統中的卵巢和睪丸會分泌「性激素」，胃則是有促進胃酸分泌的「胃泌素」等，許多器官都具有製造激素的功能。

在這些眾多的「激素工廠」當中，又以腦垂腺最為特別。因為腦垂腺會分泌多種「促激素」（tropic hormone），即使其他激素工廠的位置較遠，仍能使其激素腺體分泌。也就是說，腦垂腺在整個激素社會中扮演著指揮塔的角色。

腦垂腺除了分泌促激素外，還會分泌其他重要的激素。例如「生長激素」（growth hormone），正如其名是一種促進生長發育的激素，若分泌不足會引發侏儒症，過多則會引發巨人症。

[※]：例如散布在胰臟中的蘭氏小島（胰島）除了分泌激素的功能外，也會分泌調整血糖值的激素（請參照第134頁）。

專欄 COLUMN **自體免疫疾病**

這是指原本應該要保護身體的免疫細胞失控，對自身進行攻擊所造成的疾病。其代表性的疾病有葛瑞夫茲氏病（Graves' disease）、橋本氏病（Hashimoto's disease）等等。

「葛瑞夫茲氏病」是免疫細胞誤去刺激甲狀腺，造成甲狀腺激素分泌過量所導致的疾病（甲狀腺機能亢進），進而引發高血壓、體重減輕等症狀。「橋本氏病」（慢性甲狀腺炎）是因甲狀腺受到免疫細胞攻擊，造成甲狀腺功能低下的疾病，會出現體重增加、憂鬱、全身倦怠等症狀。若症狀持續惡化，會導致甲狀腺激素分泌不足、新陳代謝變慢的甲狀腺機能低下症（hypothyroidism）。

分泌激素的內分泌器官

專門分泌激素的器官除了腦垂腺、甲狀腺和腎上腺外，副甲狀腺還會分泌「副甲狀腺素」（parathyroid hormone，PTH）讓血鈣濃度上升，松果體則會分泌「褪黑激素」（melatonin）調整晝夜節律（生理時鐘）。

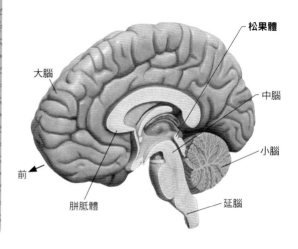

松果體

大腦

中腦

小腦

前

胼胝體

延腦

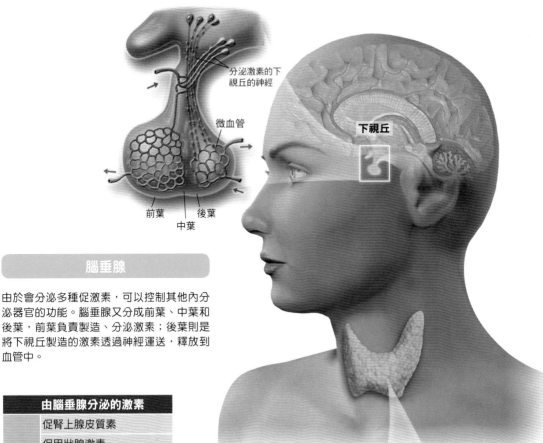

分泌激素的下視丘的神經

微血管

下視丘

前葉　後葉
中葉

腦垂腺

由於會分泌多種促激素，可以控制其他內分泌器官的功能。腦垂腺又分成前葉、中葉和後葉，前葉負責製造、分泌激素；後葉則是將下視丘製造的激素透過神經運送，釋放到血管中。

由腦垂腺分泌的激素	
前葉	促腎上腺皮質素
	促甲狀腺激素
	促性腺激素（促卵泡激素、黃體成長激素）
	催乳激素
	生長激素
中葉	促黑激素釋放素
後葉	催產素
	抗利尿素（血管加壓素）

濾泡　　微血管

濾泡腔
內部的液體可製造激素

甲狀腺

甲狀腺位於喉嚨的前側，負責分泌促進身體新陳代謝的甲狀腺激素（甲狀腺素、三碘甲狀腺胺酸）。這些激素都是以食物中的碘為原料合成。

COLUMN

左右睡眠的生理時鐘

大家是否有聽過「生理時鐘」這個名詞呢？生理時鐘是人體內週期性的晝夜節律系統，與外在環境的時間是各自獨立運作的，例如出國時會出現的時差問題，就是能實際感受到生理時鐘存在的例子。又或是在通宵熬夜後，一到早上腦袋就莫名地清醒起來，這也和生理時鐘的運作有關係。

一天的週期約為 24小時又10分鐘

人體內的每一個細胞都擁有自己的生理時鐘，維持著週期性的節律。但與生理時鐘和實際的時間有很大的誤差一樣，細胞之間也有所差異。而具修正這個誤差功能的就是大腦的視交叉上核（suprachiasmatic nucleus），它是包含人類在內的哺乳類動物負責調控「生理時鐘的中樞」。左右一對的視交叉上核，大小約直徑1毫米，光單側就有近1萬個細胞。每個細胞的時間又都不太一樣，但根據研究顯示，平均起來一天的週期約為24小時又10分鐘。

即便破壞夜行性老鼠的生理時鐘，乍看之下並沒有任何變化。因為只要照到陽光，老鼠就能分辨出活動時間和睡眠時間。但如果是在沒有晝夜區別的世界，亦即一直飼養在人為設定的黑暗環境中，相較於生理時鐘正常、作息規律的老鼠，

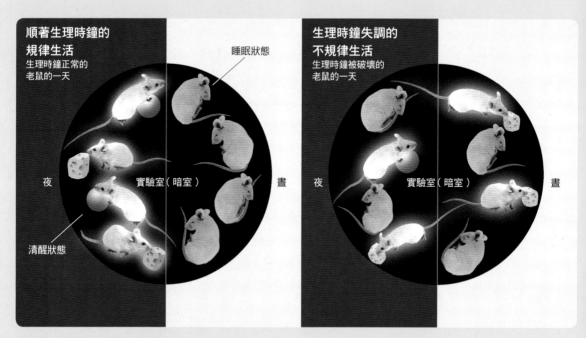

順著生理時鐘的規律生活
生理時鐘正常的老鼠的一天

睡眠狀態

夜　實驗室（暗室）　晝

清醒狀態

生理時鐘失調的不規律生活
生理時鐘被破壞的老鼠的一天

夜　實驗室（暗室）　晝

生物都擁有自己的生理時鐘
若將老鼠（夜行性）飼養在整天黑暗的實驗室，原本正常的老鼠是白天休息、夜晚活動，但生理時鐘被破壞的老鼠會逐漸失去睡眠和活動的節律。

生理時鐘被破壞的老鼠會反覆陷入晝夜不分、作息失調的狀況。

生理時鐘和睡意是各別獨立運作的

一到夜晚，從生理時鐘發出的清醒訊號會逐漸減弱。同時也因為累積了睡意，讓人變得想睡覺（如果在此時上床睡覺，就能進入熟睡狀態）。但若無視這個時機點，睡意便會逐漸累積。由於生理時鐘的運作並無關乎睡眠與否，因此當生理時鐘認知到已經早上了，便會開始發送清醒訊號，頭腦就會清醒過來。

一般認為會對生理時鐘造成影響的有氣溫、運動等等，但最具修正效果的其實是「光線」。若在上午照到光線，生理時鐘會向前調整；若在下午，尤其是黃昏到夜晚之間照到光線，生理時鐘就會往後延遲。

喝含咖啡因的咖啡或補給飲料雖然可以暫時抑制睡意，但並不會讓睡意完全消失。只是讓醒著的時候睡意更深，變得更想睡而已。因此我們應該要多了解身體的運作機制，並遵循生理時鐘生活才是。

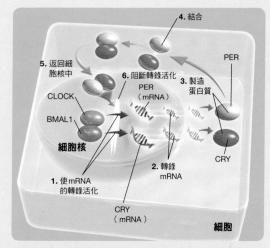

細胞內的生理時鐘（哺乳類）振盪器示意圖。生理時鐘是由PER、CRY、CLOCK和BMAL1這幾種蛋白質所構成，並透過一連串的反應，使製造出的蛋白質含量增減，建立人體細胞的週期性節律。

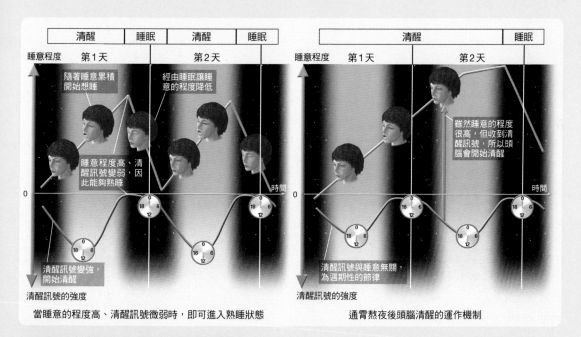

當睡意的程度高、清醒訊號微弱時，即可進入熟睡狀態

通宵熬夜後頭腦清醒的運作機制

由睡意和清醒訊號來調控睡眠

睡意和生理時鐘的關係示意圖。橫線為時間軸，往右代表時間的推移。粉紅色線是睡意程度，越往上代表越想睡。另外，紫色線是生理時鐘發送的清醒訊號，越往下代表越清醒。

睪丸幾乎每天製造出 1 億個精子

父親的精子和母親的卵子結合形成受精卵（zygote），是我們生命的起點。

男性的生殖器具有製造精子，並將精子送入女性生殖器的功能。負責製造精子的「睪丸」，左右各有一顆。從青春期開始，一生不斷地製造精子。健康的年輕男性幾乎每天製造出 1 億個精子，當精子生成之後會暫時儲存在「副睪」（epididymis）約10～20天。睪丸和副睪位於稱為陰囊的皮袋之內，與腹部有些距離，讓精子維持在比體溫略低的溫度。

當性興奮時，「陰莖」會膨脹變硬，呈現勃起狀態。原本儲存在副睪的精子便會透過輸精管的蠕動運動[※]，推送至輸精管壺腹（ampulla ductus deferentis）。此時，前列腺和儲精囊會排出分泌液。當性興奮到一定程度，這些分泌液與精子混合而成的精液，就會從前列腺部經尿道噴出體外（射精）。

※：亦即收縮、放鬆的動作。

陰囊
內有睪丸和副睪。由於與腹部有些距離，所以能確保精子維持在比體溫略低的溫度。陰囊還可以透過伸縮來調節溫度，保護不耐熱的精子。

粒線體
製造能量的部位，以螺旋狀方式纏繞著。

鞭毛
如鞭子般擺動以推動精子前進。

頂體
覆蓋在細胞核上的袋狀結構。內含溶解酵素，可在受精時瓦解卵子的外圍構造。

細胞核
承載著遺傳訊息的DNA。

精子由睪丸製造

細精管的外緣排列著精子最原始階段的精原細胞（spermatogonium），在發育成熟的過程中，會逐漸向管腔中心移動。成熟的精子會經由中心的空腔暫時移動至副睪儲存，等待射精。

精子

全長約0.06毫米。一次射精所排出的精液僅數毫升，但其中的精子多達數億個。精子可在女性體內存活4～5天。

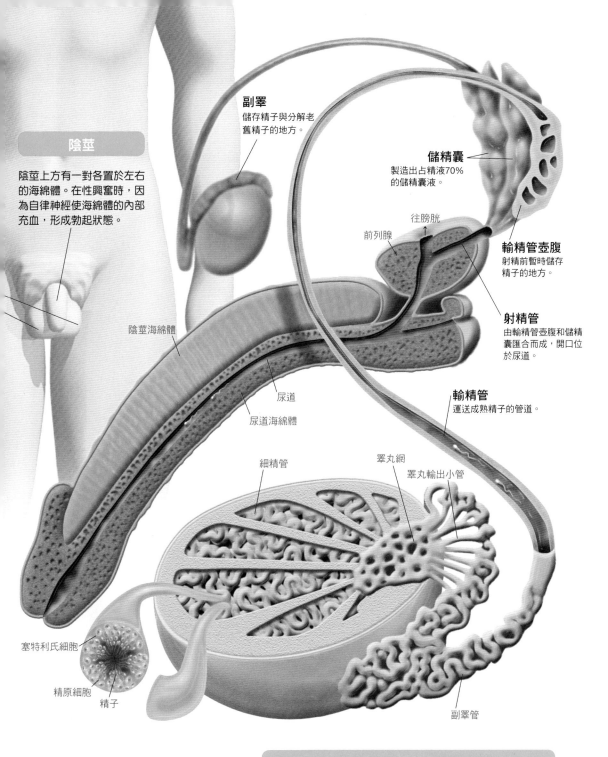

陰莖

陰莖上方有一對各置於左右的海綿體。在性興奮時，因為自律神經使海綿體的內部充血，形成勃起狀態。

副睪
儲存精子與分解老舊精子的地方。

儲精囊
製造出占精液70%的儲精囊液。

往膀胱

前列腺

輸精管壺腹
射精前暫時儲存精子的地方。

射精管
由輸精管壺腹和儲精囊匯合而成，開口位於尿道。

陰莖海綿體

尿道

尿道海綿體

輸精管
運送成熟精子的管道。

細精管

睪丸網

睪丸輸出小管

塞特利氏細胞

精原細胞

精子

副睪管

睪丸

長約4～5公分的卵形器官，內側的細精管是製造精子的地方。睪丸還有分泌主要男性激素「睪固酮」的功能。

卵子是人體內最大的細胞

女性生殖器的最主要功能是製造「卵子」，使其與強壯的精子受精，孕育胎兒直到生產。

左右各一的「卵巢」能製造出卵子。進入青春期後具有生殖能力的女性，每個月幾乎都有少數卵泡（孕育卵子的球狀結構）發育，但最後只會有一個卵子成熟。

成熟的卵子，會進入從孕育胎兒的「子宮」兩側延伸而出的「輸卵管」（排卵）。卵子會在輸卵管表面細長纖毛的擺動，及輸卵管蠕動運動的協助下慢慢移動。卵子可受精的時間，大約為排卵後的24小時內。

陰道為了抑制病原菌入侵，帶很強的酸性。雖然鹼性的精液能保護精子不受破壞，但幾乎最後都會死亡，僅約1%的精子能順利進入子宮腔。不過在排卵時期，子宮頸分泌的黏液會變稀，酸度也會降低，因此較有利於精子游動。

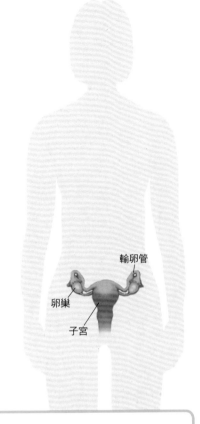

輸卵管

卵巢

子宮

每個月排卵一次

卵子由卵巢中圓球狀的「卵泡」（ovarian follicle）構造所供養，每個月只有一個卵泡中的卵子可以完全發育至成熟並排出。子宮內膜每個月都會增厚，為受精卵的著床做準備。若卵子沒有和精子結合完成受精，內膜就會剝落與血液一同流出體外，此即「月經」。懷孕期間並不會有月經。

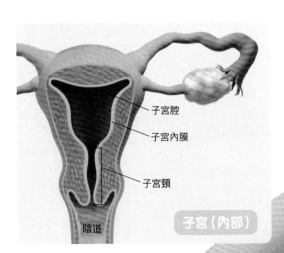

子宮腔
子宮內膜
子宮頸
陰道

子宮（內部）

1. 原始卵泡

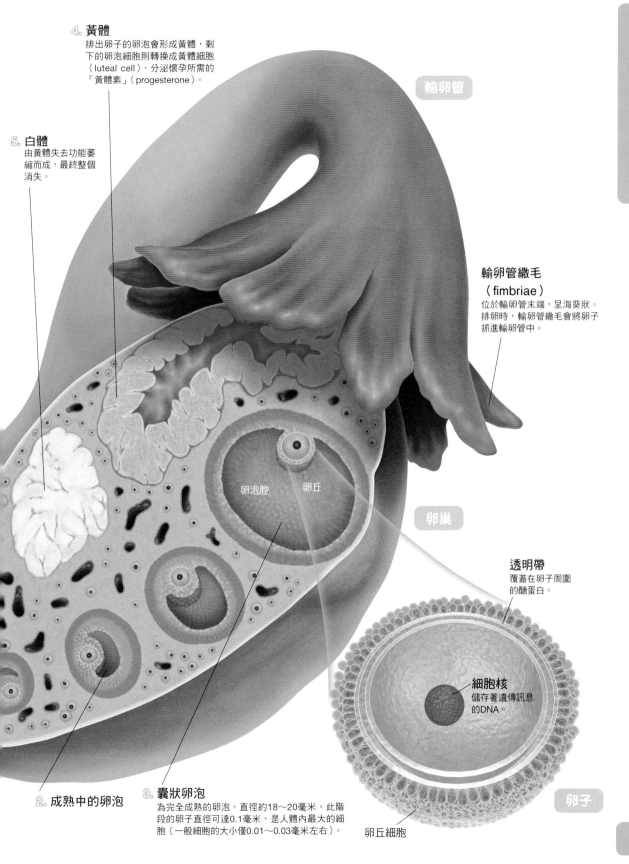

4. 黃體
排出卵子的卵泡會形成黃體，剩下的卵泡細胞則轉換成黃體細胞（luteal cell），分泌懷孕所需的「黃體素」（progesterone）。

5. 白體
由黃體失去功能萎縮而成，最終整個消失。

輸卵管

輸卵管纖毛（fimbriae）
位於輸卵管末端，呈海葵狀。排卵時，輸卵管纖毛會將卵子抓進輸卵管中。

卵泡腔   卵丘

卵巢

透明帶
覆蓋在卵子周圍的醣蛋白。

細胞核
儲存著遺傳訊息的DNA。

2. 成熟中的卵泡

3. 囊狀卵泡
為完全成熟的卵泡，直徑約18～20毫米。此階段的卵子直徑可達0.1毫米，是人體內最大的細胞（一般細胞的大小僅0.01～0.03毫米左右）。

卵丘細胞

卵子

受精是精子的生存競賽

受 精作用通常發生在輸卵管的末端附近，稱為「輸卵管壺腹」的膨大部位。陰道到輸卵管壺腹的距離約20公分，因此長0.06毫米的精子進入陰道後，須費時30分鐘左右才能游到終點。最後能抵達輸卵管壺腹並幸運與卵子相遇的精子，不過是一次射精所釋出數億個精子中的數百個而已。只有具備高度活動力、運氣好的精子才能有「受精」的機會。

游抵卵子的精子會從頭部釋放出酵素，破壞環繞在卵子周圍的卵丘細胞及透明帶後繼續前進。當精子終於穿越後，精子的細胞膜與卵子的細胞膜融合，精子的細胞核即可進到卵子內完成受精。

受精卵一面不斷重複進行細胞分裂，一面沿著輸卵管往子宮移動。由受精卵多次分裂形成的細胞團塊稱為「胚」（embryo）。當受精5～6天抵達子宮後，透明帶會裂開讓胚出來（孵化）。胚會先附著於子宮壁，之後慢慢埋進子宮內膜中繼續發育（著床）。

著床完成就代表成功「懷孕」了。著床後的胚持續成長，並開始攝取母體血液中的營養，約9個月後即可迎接「新生命」。

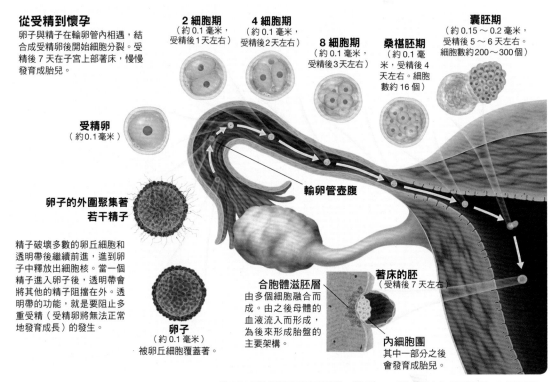

從受精到懷孕
卵子與精子在輸卵管內相遇，結合成受精卵後開始細胞分裂。受精後7天在子宮上部著床，慢慢發育成胎兒。

2 細胞期
（約 0.1 毫米，
受精後 1 天左右）

4 細胞期
（約 0.1 毫米，
受精後 2 天左右）

8 細胞期
（約 0.1 毫米，
受精後 3 天左右）

桑椹胚期
（約 0.1 毫米，受精後 4 天左右。細胞數約 16 個）

囊胚期
（約 0.15 ～ 0.2 毫米，
受精後 5 ～ 6 天左右。
細胞數約 200～300 個）

受精卵
（約 0.1 毫米）

卵子的外圍聚集著若干精子

精子破壞多數的卵丘細胞和透明帶後繼續前進，進到卵子中釋放出細胞核。當一個精子進入卵子後，透明帶會將其他的精子阻擋在外。透明帶的功能，就是要阻止多重受精（受精卵將無法正常地發育成長）的發生。

卵子
（約 0.1 毫米）
被卵丘細胞覆蓋著。

輸卵管壺腹

合胞體滋胚層
由多個細胞融合而成。由之後母體的血液流入而形成，為後來形成胎盤的主要架構。

著床的胚
（受精後 7 天左右）

內細胞團
其中一部分之後會發育成胎兒。

* 約 96% 的胎兒皆屬頭朝下的姿勢，剩下的 4% 則為頭朝上的「胎位不正」和其他姿勢。

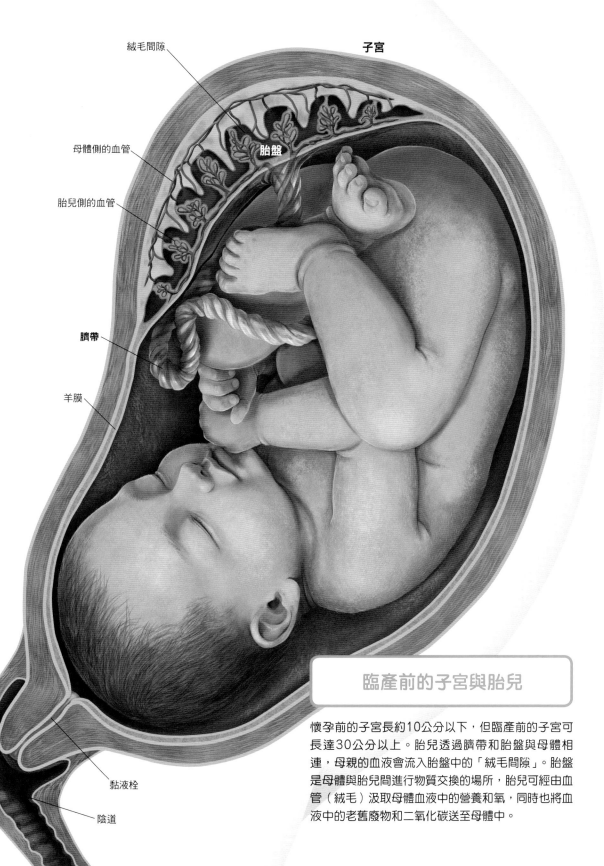

絨毛間隙

子宮

母體側的血管

胎盤

胎兒側的血管

臍帶

羊膜

黏液栓

陰道

臨產前的子宮與胎兒

懷孕前的子宮長約10公分以下,但臨產前的子宮可長達30公分以上。胎兒透過臍帶和胎盤與母體相連,母親的血液會流入胎盤中的「絨毛間隙」。胎盤是母體與胎兒間進行物質交換的場所,胎兒可經由血管(絨毛)汲取母體血液中的營養和氧,同時也將血液中的老舊廢物和二氧化碳送至母體中。

哺育嬰兒的
「乳房」

進 入青春期，女性的乳房開始隆起。胸大肌上
的脂肪組織逐漸增加，於其中形成「乳腺」。

乳腺是從皮膚中分泌微黏汗液的「頂漿腺」
（apocrine sweat glands）變化而來，由製造乳汁
的「腺泡」（acinus）和輸送乳汁至乳頭的「乳管」
（ductus lactiferi）所組成。女性未懷孕之前，乳腺
的發育還不完全。排卵後分泌的「黃體素」，會使腺
泡更加發育。待月經週期結束，乳腺又恢復成原來
的狀態。等到懷孕後乳腺會發育增大，在接近懷孕
後期時開始分泌乳汁。

哺乳時在嬰兒吸吮乳頭的刺激下，腦垂腺會分泌
出催乳素（prolactin）、催產素（oxytocin）等激
素。「催乳素」可以增加乳汁的生成量；「催產素」
則能使乳腺泡周圍的肌肉收縮，讓乳汁更容易流
出，並具有協助產後子宮收縮的功能。

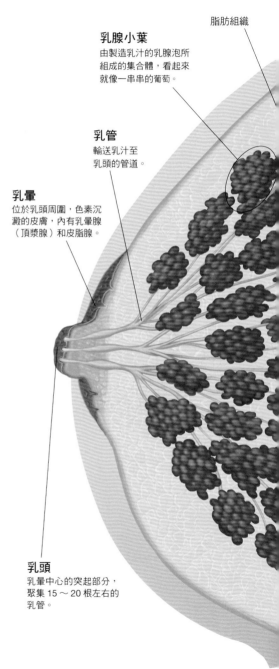

脂肪組織

乳腺小葉
由製造乳汁的乳腺泡所
組成的集合體，看起來
就像一串串的葡萄。

乳管
輸送乳汁至
乳頭的管道。

乳暈
位於乳頭周圍，色素沉
澱的皮膚，內有乳暈腺
（頂漿腺）和皮脂腺。

乳頭
乳暈中心的突起部分，
聚集 15 ～ 20 根左右的
乳管。

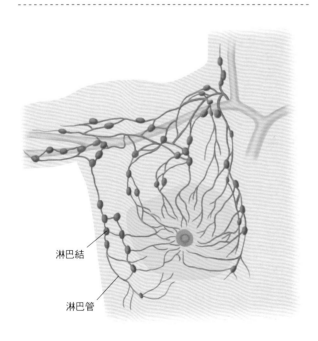

淋巴結

淋巴管

胸大肌

哺乳期的乳房

女性激素可以促進乳腺的發育。懷孕前的乳腺屬於未完全發育的狀態，受孕後，必須歷經懷孕期到哺乳期間乳管增生分支、乳腺泡逐漸變大的過程，乳腺才算發育成熟。此外，乳房結構也存在於男性的身體（只不過乳腺和脂肪組織皆維持在未發育的狀態）。因此男性若激素分泌異常或注射女性激素，也可能讓乳房發育。

專欄 COLUMN　女性每12人就有1人罹患乳癌

乳癌是從乳腺細胞生長出來的惡性腫瘤，為台灣女性發生率最高的癌症。根據2019年的統計，發生高峰約在45～69歲之間，約每10萬名婦女188～194人。

乳房內有許多淋巴管，若乳癌持續惡化會轉移至淋巴結。以前因無法得知究竟是轉移到哪個淋巴結，會採取大範圍切除淋巴結的做法，但近年來已用能檢查出有無轉移至「前哨淋巴結※」的方式所取代。若為早期乳癌，就沒有必要切除過多的淋巴結，同時也更有機會保留住乳房。

※：具有前哨功能的淋巴結，為癌細胞轉移進入淋巴管的第一站。

美國發起「粉紅絲帶」活動，期許早期發現乳癌。

親子或手足相似的程度是「50%」

我們的細胞內有46條染色體，分別來自於父親製造的精子和母親製造的卵子。從兩個細胞的結合形成受精卵開始，最後發展成一個具有40兆個細胞的人體。

精子和卵子是經由染色體數目減半的特殊細胞分裂方式所產生，因此各只有23條染色體。結合成受精卵後，染色體就會變成23對，也就是回到原本的46條。每對染色體中有一半來自父親、一半來自於母親，因此小孩的染色體有50%與父親相同，50%與母親相同。

同卵雙胞胎是由1個受精卵發育而成，因此擁有100%相同的染色體，而異卵雙胞胎或一般的兄弟姊妹則平均有50%相同。其中的原因，就在於製造精子和卵子的過程當中。

舉例來說，父親的46條染色體來自於祖父母，在形成精子時，會由祖父的染色體與祖母的染色體重新「拼接」組成23條染色體。每個精子的拼接組合各有不同，若比較同一位父親所生的兄弟姊妹的染色體，就會發現有些地方相同、有些地方不同。以平均來計算，整個染色體中有50%是相同的。手足之間會有一些相似之處，正是這個原因。

遺傳的運作機制

父親和母親的染色體（**1**）拼接後形成精子、卵子的染色體（**2**），受精後結合成為小孩的染色體（**3**）。為了方便理解，在圖示中46條染色體只畫出其中的6條。

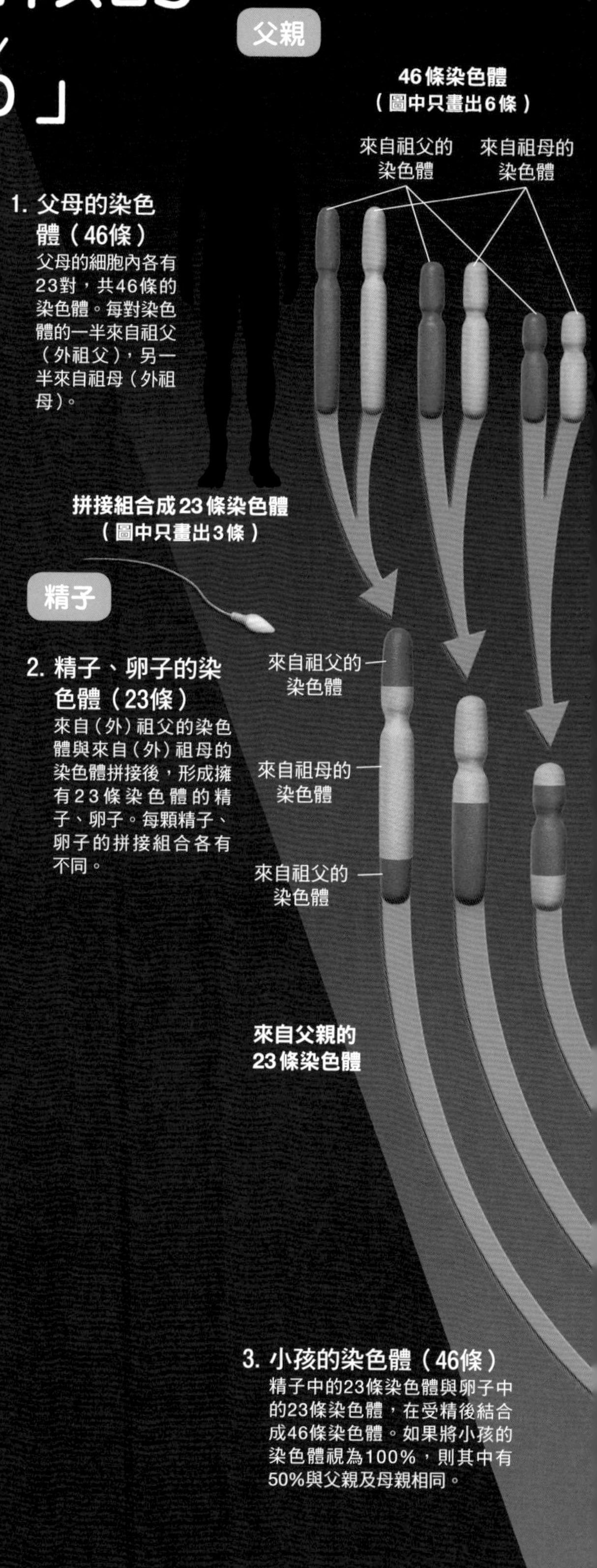

父親

46條染色體
（圖中只畫出6條）

來自祖父的染色體

來自祖母的染色體

1. 父母的染色體（46條）
父母的細胞內各有23對，共46條的染色體。每對染色體的一半來自祖父（外祖父），另一半來自祖母（外祖母）。

拼接組合成23條染色體
（圖中只畫出3條）

精子

2. 精子、卵子的染色體（23條）
來自（外）祖父的染色體與來自（外）祖母的染色體拼接後，形成擁有23條染色體的精子、卵子。每顆精子、卵子的拼接組合各有不同。

來自祖父的一染色體

來自祖母的染色體

來自祖父的一染色體

來自父親的23條染色體

3. 小孩的染色體（46條）
精子中的23條染色體與卵子中的23條染色體，在受精後結合成46條染色體。如果將小孩的染色體視為100%，則其中有50%與父親及母親相同。

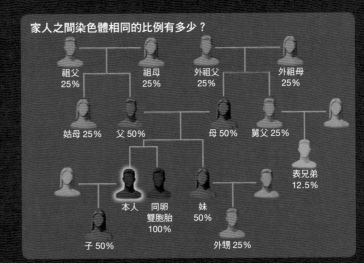

家人之間染色體相同的比例有多少？

祖父 25%　祖母 25%　外祖父 25%　外祖母 25%

姑母 25%　父 50%　母 50%　舅父 25%

表兄弟 12.5%

本人　同卵雙胞胎 100%　妹 50%

子 50%　外甥 25%

46條染色體
（圖中只畫出6條）

來自外祖父的染色體　來自外祖母的染色體

母親

拼接組合成23條染色體
（圖中只畫出3條）

來自外祖母的染色體

來自外祖父的染色體

卵子

來自母親的23條染色體

受精卵

46條染色體
（圖中只畫出6條）

COLUMN

個性和能力
並不全由遺傳決定

我們經常認為遺傳的影響「一輩子都不會改變」、「是一種宿命」，但這是錯誤的觀念。正如英國科學作家瑞德利（Matt Ridley，1958～）在其著作《天性與教養：先天基因與後天環境的交互作用》所示，環境其實扮演著重要的角色。

研究遺傳影響的
「雙胞胎研究法」

其實只要追蹤雙胞胎的後續發展，就能了解基因和環境對人的心理與行為發展所帶來的影響。

雙胞胎又分為由一個受精卵分裂成兩個胚胎發育而成的「同卵雙胞胎」，以及恰巧有兩個受精卵同時發育而成的「異卵雙胞胎」。前者兩人帶有100％相同的遺傳訊息，後者兩人的基因相同度只有50％。跟非雙胞胎的兄弟姊妹同樣是50％。

相較於同卵雙胞胎，異卵雙胞胎在遺傳上雖然只有一半的相似度，但生長環境基本上是一樣的。因此，若同卵雙胞胎跟異卵雙胞胎相比，相似度越高，就能證明遺傳的影響較大。此外，如果說異卵雙胞胎與同卵雙胞胎相似的話，那麼即可說明比起遺傳，受到共同生長環境（共用環境）的影響較大。再者，同卵雙胞胎之間若有不同，也並不是基因或共用環境的影響。即使在同一個家庭中，每一個人還是會各自受到存在的環境（非共用環境）所影響。

個性是由遺傳和環境
共同形塑而成

以下是從心理、行為等各個層面，將同卵雙胞胎和異卵雙胞胎的相似度以相關係數※的數值來做比較的結果（右圖）。結論是不論哪個層面，同卵雙胞胎都比異卵雙胞胎的相似程度大，從中可以看出遺傳的影響。雖然這些影響力大多在30～50％之間，不過在邏輯推理、空間認知等能力確實是受到遺傳強烈的影響。

在雙胞胎的數據中，也同時顯示出環境會造成很大的影響。這裡較引人深思的是對心理和行為的環境影響，主要來自非共用環境，影響力幾乎達70％左右，高於遺傳的影響力。而且這種非共用環境的影響，通常僅限於特定的事項、時期或是狀況。這代表了我們對隨時在變化的環境所造成的各種狀況，能夠彈性地應對並靈活變化。

關於上述的研究，究竟有多少可以說是一般現象呢？可能還需要今後更進一步的研究驗證。不過，遺傳帶來的影響並不是終生不變的宿命，透過經驗或環境也可能有所改變，這是無庸置疑的事實。

※：代表伴隨出現的兩個數值一致程度的數值。如果完全一致的話，數值為1；完全不一致的話，數值為0。

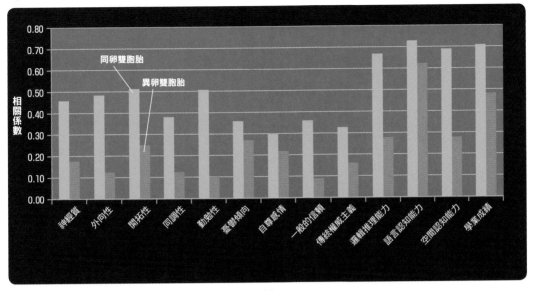

雙胞胎的性格、精神狀態、能力的相似性

包含深受後天環境左右的心理和行為在內，不論哪個項目，都是同卵雙胞胎比異卵雙胞胎的相似程度大，顯示出遺傳的影響。影響力大多在30～50％之間，不過有關邏輯推理和空間認知則是受到遺傳強烈的影響。

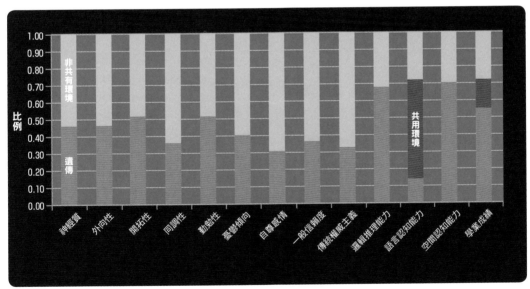

遺傳和環境對於性格、精神狀態及能力所造成的影響

幾乎所有的項目都看不到共用環境的影響。造成影響的僅有非共用環境，也就是可以解讀為並不是家庭環境的影響，而是每個人獨自受到環境的影響。不過在有關語言認知能力和學業成績方面，並不能忽視共用環境，亦即家庭環境的影響。

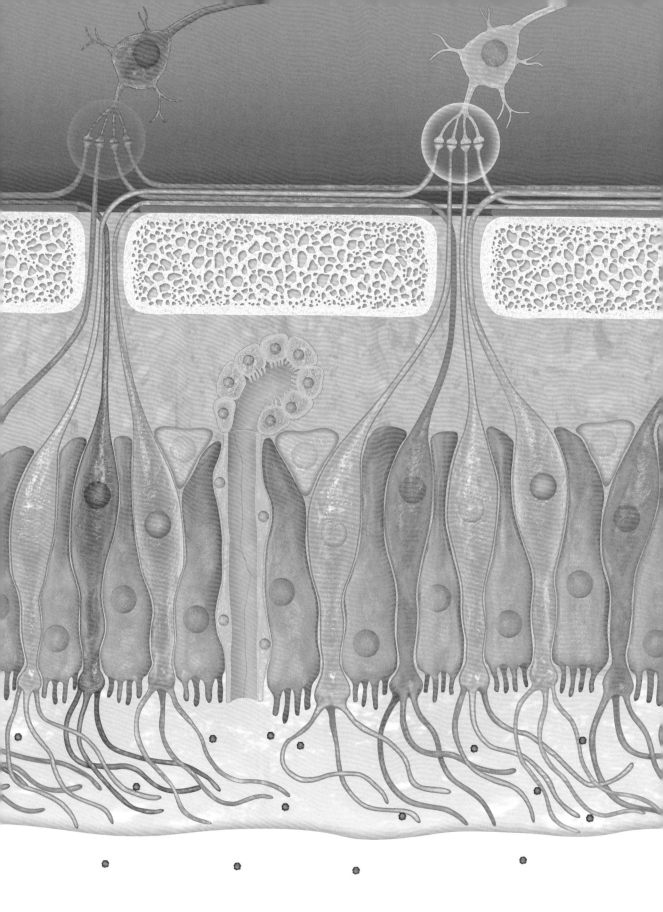

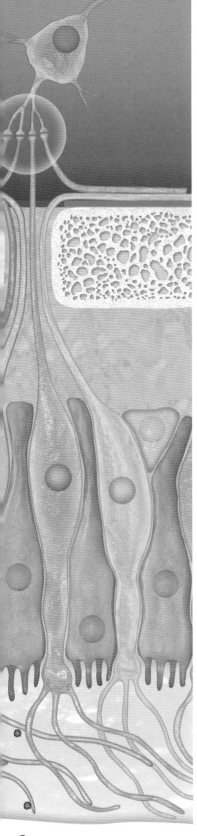

2

感覺器官的
構造和功能

Structure and function of the sensory organs

我們必須透過大腦才能看見或聽見

古 希臘哲學家亞里斯多德（Aristotle，前384～前322）認為，從眼、耳、鼻等感覺器官所獲取的訊息，會經由血管流到心臟產生知覺。這個觀念直到中世紀都還根深蒂固。

如今，已經確認知覺的產生必須透過腦部的運作。這個事實，是從加拿大的腦外科醫師潘菲爾德（Wilder Penfield，1891～1976）在1920～1950年代進行的實驗中得知。潘菲爾德在替「癲癇」患者進行腦部手術之際，以帶有微弱電流的探針刺激大腦的各部位。由於當時的腦部手術只有在頭皮的表面麻醉，因此患者能在有意識的狀態下和潘菲爾德對話。潘菲爾德將當時的過程詳加記錄下來，進而發現了視覺、聽覺和嗅覺等感覺訊息與大腦之間的關聯性。

潘菲爾德的小矮人

潘菲爾德在癲癇患者的大腦皮質表面各部位以電流刺激，並逐一詢問患者哪個身體部位有被碰觸的感覺。之後彙整出來的對應關係，即左圖的「潘菲爾德的小矮人」（Penfield's Homunculus）。對應臉和手指的區域範圍極廣，代表該部位對於觸覺刺激的敏銳度較高。

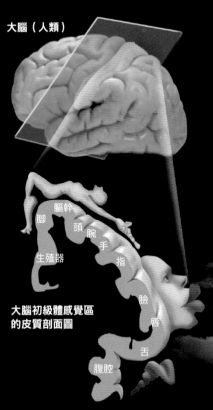

大腦（人類）

軀幹
腳 頭 腕
 生殖器 手
指

大腦初級體感覺區
的皮質剖面圖

臉
唇
舌
腹腔

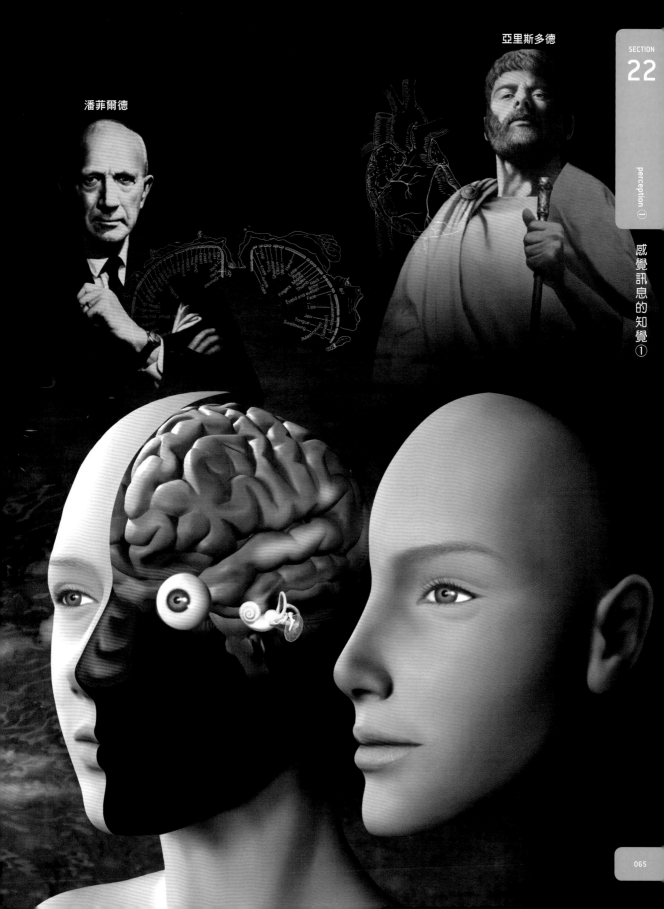

潘菲爾德

亞里斯多德

複雜的知覺傳遞於瞬間完成

舉例來說，視覺訊息是來自於「從物體反射的光」，聽覺訊息來自於「聲音」、嗅覺訊息來自於「味道」，但這些訊息是如何在腦內轉為知覺的呢？

當感覺器官從外部接收到刺激（訊息），首先會經由感覺器官轉換成電訊號，再透過神經細胞（神經元）傳送至大腦皮質。大腦皮質是負責處理語言行動的計畫等高階訊息的區域（請參照第34頁）。

大腦皮質會將感覺器官接收到的訊息分成幾部分，例如在視覺中把知覺的對象（物體）分成「形狀」、「顏色」、「動向」等訊息，再將這些訊息傳送到各自的掌管區域（平行處理）。待腦部統合所有的訊息後，就能得知感覺器官接收到的知覺對象究竟為何。

從下一個章節開始，將從大家切身的五感「視覺」、「聽覺」、「嗅覺」、「味覺」、「膚覺」來詳細說明各自的運作機制。

專欄
COLUMN

由神經元所組成的複雜網絡

負責傳遞電訊號的神經元是形狀極為細長的細胞，也可稱為「神經細胞」。腦內據說約有1000億個神經元，其中大腦就占了200億個。依大腦剖面中的組織顏色大致可區分為「灰質」和「白質」。灰質內主要是神經元的細胞體（細胞的本體部分），而白質內密布著傳遞電訊號的軸突以及具絕緣作用的髓鞘。若擷取一立方公分大小的大腦皮質，將內含的神經元連接起來，竟可長達數公里。

訊息會經由神經元來傳遞

感覺器官從外界接收到的刺激（訊息），會由複數個神經元接力傳遞，最後抵達大腦皮質。大腦皮質上，分布著處理各種感覺訊息的專門區域。

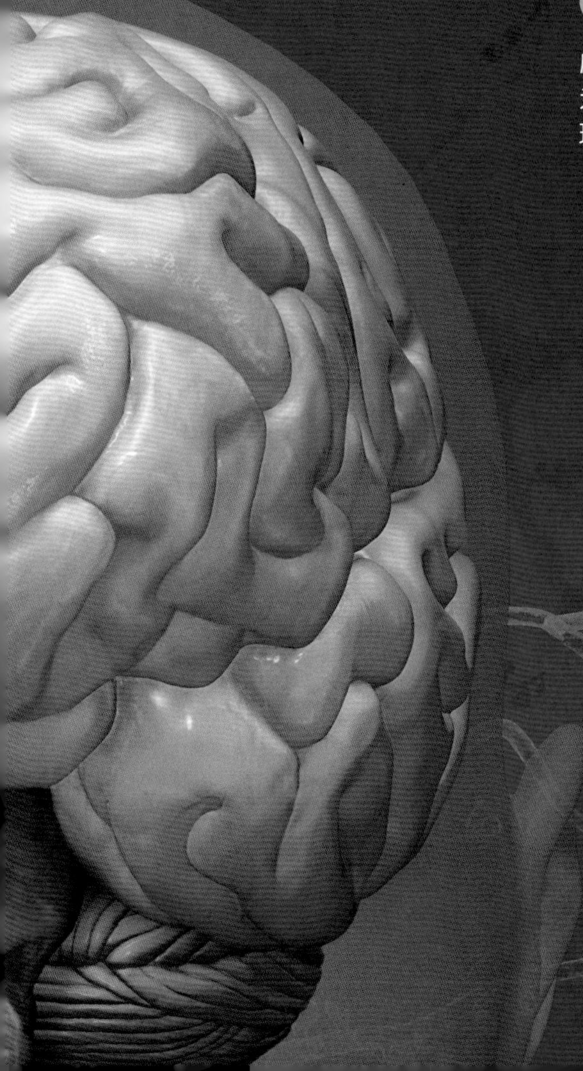

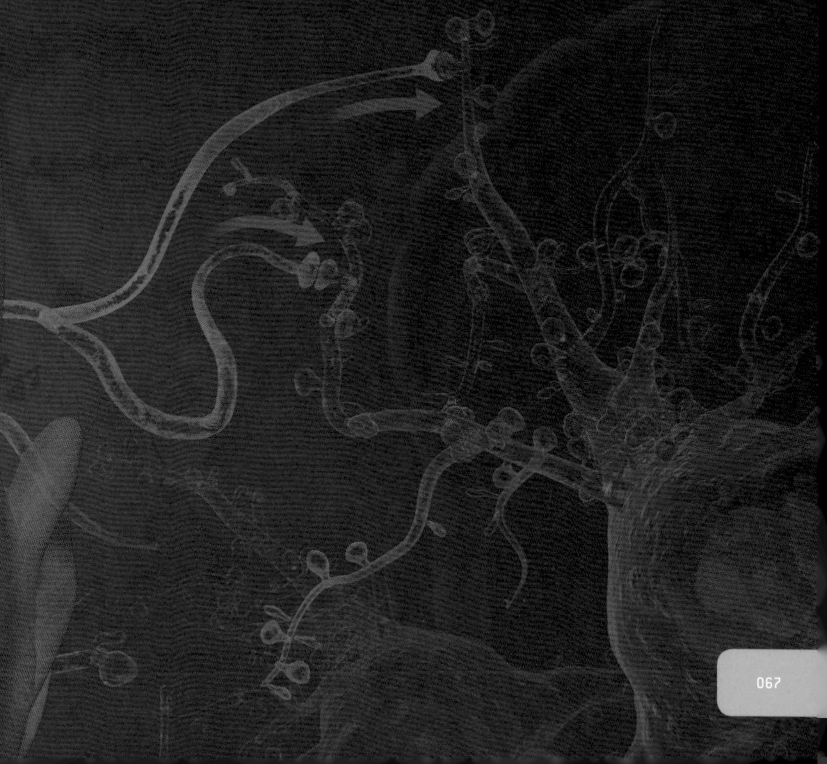

眼睛的構造與數位相機相似

眼睛與數位相機的運作原理，其實有許多相似之處。數位相機將物體反射的光轉換為電訊號後儲存成影像，而眼睛也是在感知到光後轉換成電訊號。此外，眼睛在看遠和看近時可以任意對焦，也與數位相機的功能極為雷同。而且，兩者都是藉由無數個小點（畫素）呈現出影像。

從物體反射的光，會經由「角膜」（cornea）和「水晶體」（lens）這兩片透鏡折射，最後聚焦在「視網膜」（retina）上。

為什麼眼睛「無論遠物還是近物都能看得清楚」呢？看遠物時，連接著肌肉「睫狀體」（ciliary body）的睫帶（ciliary zonule）會繃緊，進而使水晶體變薄；看近物時，睫狀體則會收縮而睫帶鬆弛，水晶體因本身的彈性（恢復原狀的力量）而增厚，使光線的屈折力變強。因此不論物體的遠近，都可確保光線能聚焦在視網膜上面。

眼球的結構

眼球壁可分為三層，分別是外層的「角膜」、「鞏膜」，中層的「虹膜」、「睫狀體」、「脈絡膜」以及最內層的「視網膜」。成人眼球的平均直徑約為23毫米。

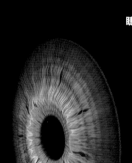
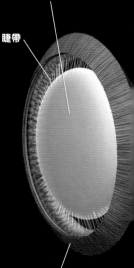

水晶體
如口感偏硬的果凍般具彈性的透鏡，厚度可以調整。

睫帶

角膜
薄度僅約0.6毫米，質地堅韌的透鏡。由於主要成分的蛋白質纖維呈規則排列，所以能保持角膜的透明性。角膜弧度的細微變化，就是造成近視、遠視、散光的主要原因。

虹膜
透過改變中央孔洞（瞳孔）的大小，調節進入眼睛的光線量。黑色素的含量會因人種而異，所以「瞳色」也各有不同。

睫狀體
由多條肌肉組成的環狀組織，可以調節水晶體的厚度。人類的睫狀體和虹膜皆非意識所能控制，但鳥類可以。

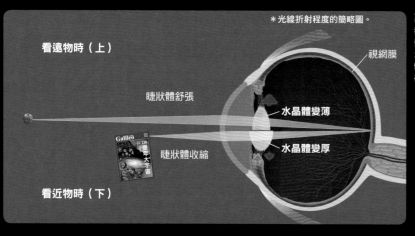

＊光線折射程度的簡略圖。

看遠物時（上）

睫狀體舒張

水晶體變薄

視網膜

水晶體變厚

睫狀體收縮

看近物時（下）

調整焦距的機制

觀看遠物時，睫狀體會舒張，水晶體變薄；反之看近物時，睫狀體收縮，水晶體會變厚。在自然狀態下，水晶體會將光線聚焦（成像）在距離約17毫米遠的視網膜。

鞏膜

即眼白的部分。除了使眼球內部保持暗度，亦有維持眼睛整體強度的作用。嚴格說來，角膜也是鞏膜的一部分。

脈絡膜

可透過血管將養分供給至整個眼球。含有黑色素，可阻擋光線進入。脈絡膜與睫狀體、虹膜三者彼此緊密相連。

視網膜

包覆在玻璃樣液外面的膜，負責將接收到的光線轉換成電訊號，由多種神經細胞組合而成。不只接收聚焦後的光線，還會在訊號傳進大腦前先進行影像處理。

玻璃樣液
（又稱玻璃體）

玻璃樣液可讓光線透過並到達視網膜。質地為蛋白質所組成的「海綿」狀組織，99％都是水分，沒有血管且透明無色。

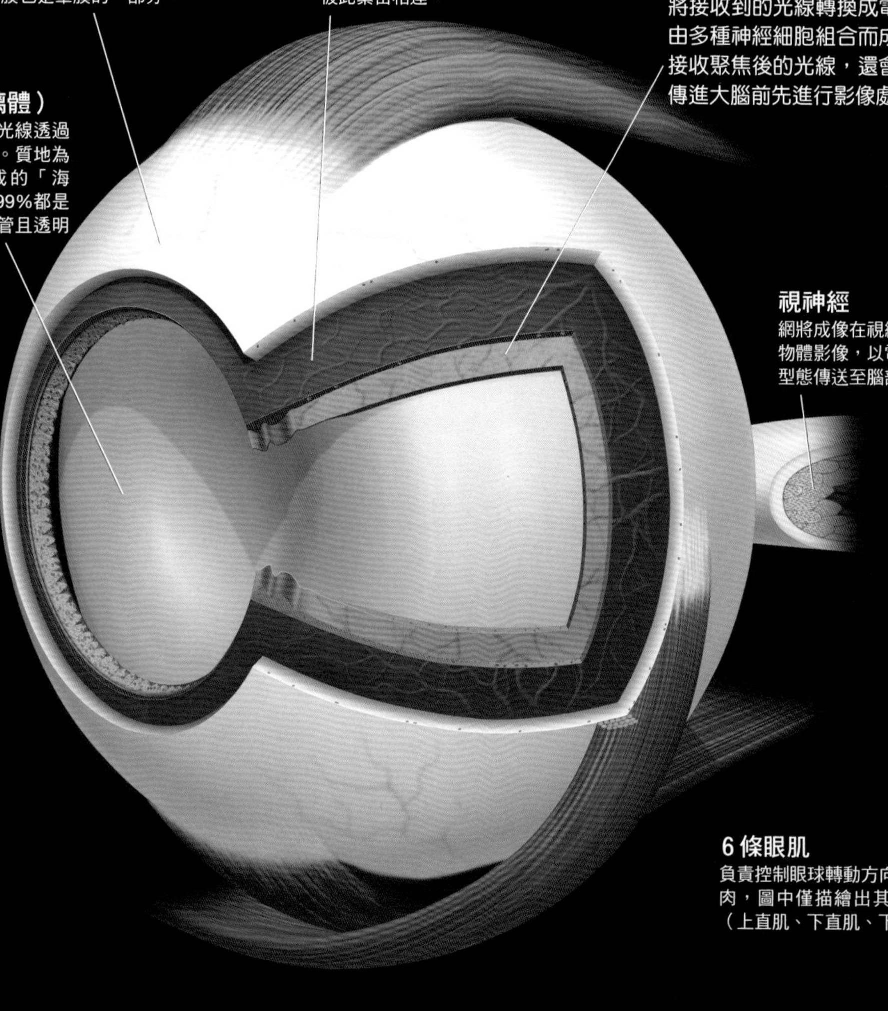

視神經

網將成像在視網膜上的物體影像，以電訊號的型態傳送至腦部。

6 條眼肌

負責控制眼球轉動方向的 6 條肌肉，圖中僅描繪出其中的 3 條（上直肌、下直肌、下斜肌）。

能辨別明暗變化的視桿細胞 與色覺和視力有關的視錐細胞

從明亮處突然進到暗處時，最初會看不見任何東西，但經過一段時間後視覺的敏感度增高，就慢慢能看見在暗處的物體，這是由於視網膜內「視覺細胞」的切換作用所引起。

進入眼睛的光線會聚集在視網膜上，而且上面布滿了1億多個光受器（photoreceptor）的視覺細胞。視覺細胞又分成「視桿細胞」（rod cell）和「視錐細胞」（cone cell）兩種。一般來說在滿月時的明亮程度下，視覺主要由視桿細胞負責，在更明亮的環境中就以視錐細胞為主。

視錐細胞也與色覺（視力）有關，有L視錐細胞、M視錐細胞、S視錐細胞3種，分別感應三段不同波長（顏色）的光。不過，色彩知覺的形成並不是單一視錐細胞的作用，而是透過3種視錐細胞反應程度的增減來產生色覺。

集中在視網膜中心的顏色感應器

視桿細胞約有1億2000萬個，視錐細胞約有600萬個。在視錐細胞中，約65％是「L視錐細胞」、30％是「M視錐細胞」、5％是「S視錐細胞」，分別感應不同波長（顏色）的光。此外，L視錐細胞和M視錐細胞的占比因人而異，個體差異極大。

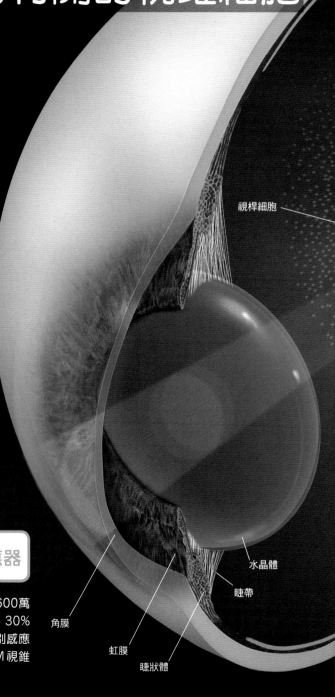

視桿細胞

水晶體

睫帶

角膜

虹膜

睫狀體

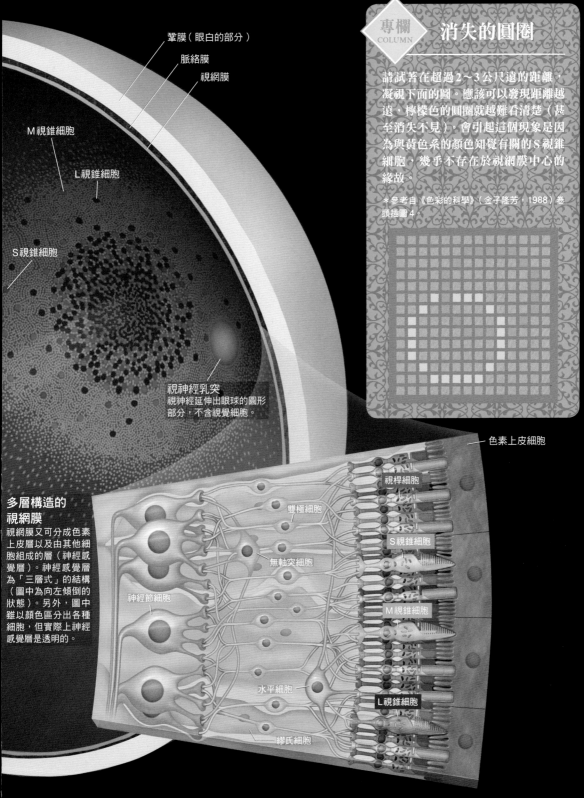

鞏膜（眼白的部分）

脈絡膜

視網膜

M視錐細胞

L視錐細胞

S視錐細胞

視神經乳突
視神經延伸出眼球的圓形
部分，不含視覺細胞。

消失的圓圈

請試著在超過 2～3 公尺遠的距離，
凝視下面的圖。應該可以發現距離越
遠，檸檬色的圓圈就越難看清楚（甚
至消失不見），會引起這個現象是因
為與黃色系的顏色知覺有關的 S 視錐
細胞，幾乎不存在於視網膜中心的
緣故。

＊參考自《色彩的科學》（金子隆芳，1988）卷
頭插圖 4。

色素上皮細胞

視桿細胞

S視錐細胞

M視錐細胞

L視錐細胞

雙極細胞

無軸突細胞

神經節細胞

水平細胞

繆氏細胞

多層構造的
視網膜

視網膜又可分成色素
上皮層以及由其他細
胞組成的層（神經感
覺層）。神經感覺層
為「三層式」的結構
（圖中為向左傾倒的
狀態）。另外，圖中
雖以顏色區分出各種
細胞，但實際上神經
感覺層是透明的。

＊雖然圖中的 L、M、S 視錐細胞分別以紅色、綠色、藍色來標示，但與實際的顏色完全無關。

一旦腦部受損即使眼睛正常也會變成半盲狀態

「視」覺」的生成機制，並無法單以視網膜的作用來說明。

映入視網膜的影像訊息，會透過視神經傳送到腦部（大腦皮質）的初級視覺區。只要傳導路徑的某處受傷，就會喪失與其相對應的視野（眼睛能看見的範圍）。右腦和左腦都有處理視覺訊息的視覺皮質，左腦的視覺皮質負責視野的右半邊，右腦的視覺皮質負責視野的左半邊。假若左腦的視覺皮質受損，即便眼睛正常，還是會變成半盲狀態，喪失右半邊的視野。這是因為依視野不同，視覺的傳導路徑也不同的緣故。

在視網膜的成像中，物體會呈現上下顛倒、左右相反的狀態。若我們將視網膜上的成像直接感知的話，整個世界就是顛倒過來的模樣，但實際上並非如此。換句話說，大腦再怎麼說還是視覺中樞的所在地，眼睛只不過是「外圍分支機構」罷了。

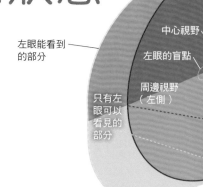

視野

左眼能看到的部分

只有左眼可以看見的部分

中心視野

左眼的盲點

周邊視野（左側）

1. 視網膜

左眼　　　　右眼

2. 視交叉

3. 外側膝狀體

整個右側視野　　　　整個左側視野

4. 初級視覺區

中央視野放大

馬略特盲點

人類的眼睛存在著「盲點」（blind spot），盲點就位於視網膜的視神經乳突（請參照第71頁）。由於視神經乳突無法感知光線，所以看不見東西。盲點是由法國的物理學家馬略特（Edme Mariotte，1620左右～1684）所發現。大家不妨試著將下圖置於眼前25～30公分處，閉上右眼，用左眼注視圖中的「＋」，邊將距離拉近、拉遠，會發現有時圖中的「★」是消失的（盲點）。

＋

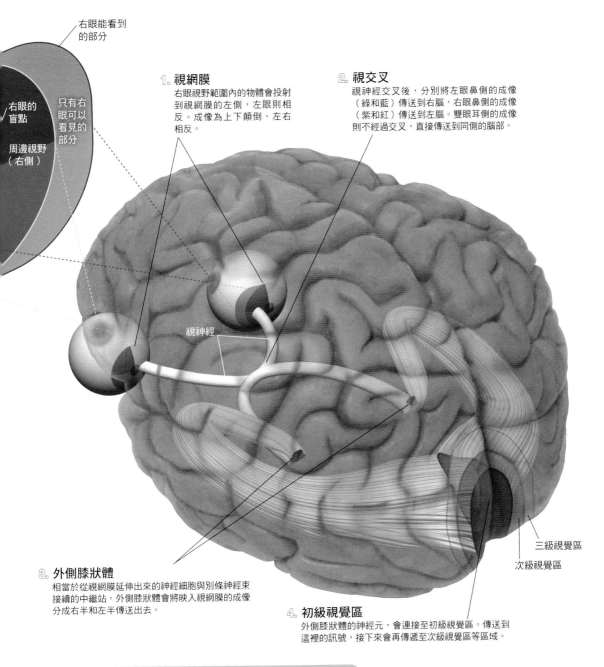

右眼能看到
的部分

右眼的
盲點

只有右
眼可以
看見的
部分

周邊視野
（右側）

1. 視網膜
右眼視野範圍內的物體會投射
到視網膜的左側，左眼則相
反。成像為上下顛倒、左右
相反。

2. 視交叉
視神經交叉後，分別將左眼鼻側的成像
（綠和藍）傳送到右腦，右眼鼻側的成像
（紫和紅）傳送到左腦。雙眼耳側的成像
則不經過交叉，直接傳送到同側的腦部。

視神經

3. 外側膝狀體
相當於從視網膜延伸出來的神經細胞與別條神經束
接續的中繼站，外側膝狀體會將映入視網膜的成像
分成右半和左半傳送出去。

三級視覺區

次級視覺區

4. 初級視覺區
外側膝狀體的神經元，會連接至初級視覺區。傳送到
這裡的訊號，接下來會再傳遞至次級視覺區等區域。

人眼的視野

視野可以分成中央和周邊部分，以及只有單眼能看到的部份
（圖中各自以不同顏色區分）。

　　人類的雙眼間稍微有些距離，因此映入兩眼視網膜上的影
像，嚴格來說也會有些差異。這些差異經過大腦重新組合分析
後，我們才能取得立體感。

腦部的初級視覺區也存在著相
對應於盲點的區域，會接收從
盲點周邊的視網膜傳來的訊
號，將原本的破洞部分（視野）
「填補」起來。

空氣的振動——就是耳朵捕捉到的「聲音」

耳朵可以分成三大部分，分別是鼓膜外側的「外耳」、鼓膜內側的「中耳」和顳骨內構造複雜的「內耳」。聲波是空氣的振動。潛入泳池後就幾乎聽不到岸上的聲音，就是因為絕大多數的振動都被水面反射掉了。「耳廓」會將收集到的聲波，經由外耳道傳到鼓膜引起振動，再依序傳入鼓膜內側的三塊「聽小骨」：鎚骨（malleus）、砧骨（incus）、鐙骨（stapes），刺激螺旋狀「耳蝸」（cochlea）內的毛細胞。聲波會經由毛細胞轉換成電訊號，最後傳入大腦。

鼓膜的聲壓（聲音壓力），透過鎚骨和砧骨如槓桿般的結構，以及鐙骨將振動集中在小範圍內，可將鼓膜的振動增加近20倍。因此人類連風吹動樹葉的沙沙作響都聽得見。此外，聽小骨上附有幾條肌肉，對突然而來的巨大聲響具有緩衝的作用，能保護耳朵免於傷害。

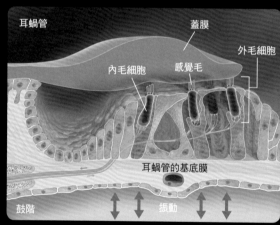

耳蝸管　蓋膜　外毛細胞　內毛細胞　感覺毛　耳蝸管的基底膜　鼓階　振動

聲音的傳導機制

鼓膜振動後，會經由三塊聽小骨傳送至充滿於內耳的淋巴液（外淋巴液），再沿著耳蝸內的前庭階往上移動至耳蝸頂（紅色箭頭）。之後，沿著鼓階往下移動至底部，引起覆蓋在耳蝸窗上的第二鼓膜振動（藍色箭頭）。淋巴液一旦振動，就會引起耳蝸管基底膜的上下波動，造成毛細胞的感覺毛偏斜，並由此感知到聲音。

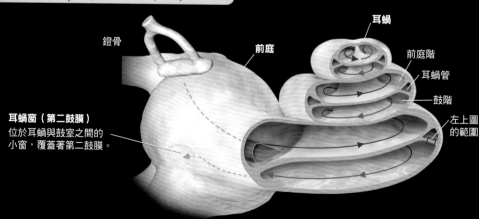

鐙骨　前庭　耳蝸　前庭階　耳蝸管　鼓階　左上圖的範圍

耳蝸窗（第二鼓膜）
位於耳蝸與鼓室之間的小窗，覆蓋著第二鼓膜。

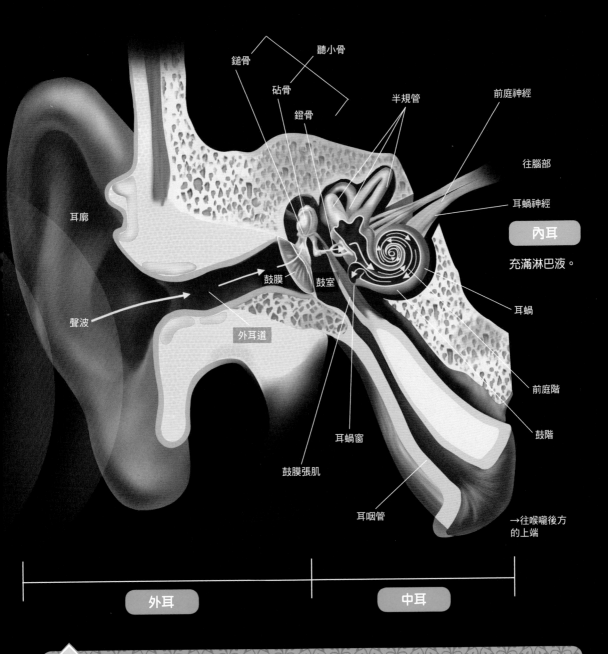

聽小骨

鎚骨

砧骨

鐙骨

半規管

前庭神經

往腦部

耳蝸神經

內耳

充滿淋巴液。

耳廓

耳蝸

聲波

鼓膜

鼓室

前庭階

外耳道

鼓階

耳蝸窗

鼓膜張肌

耳咽管

→往喉嚨後方
的上端

外耳

中耳

專欄
COLUMN

「分貝」是表達聲音響度的單位

分貝（decibel，dB）是表達聲音響度的單位，將人耳所能聽到的最小聲音，設定為基準「0」。0分貝，大約相當於樹葉摩擦聲的10分之1，圖書館室內響度的100分之1。0分貝的10倍為20分貝，100倍為40分貝。響度如果超過100分貝以上（0分貝的10萬倍），就可能面臨聽力受損的風險。

「內耳」

內 耳的結構複雜，可分為「骨迷路」（bony labyrinth）及其中的「膜迷路」（membranous labyrinth）兩部分。膜迷路的管腔內充滿了內淋巴液，骨迷路與膜迷路間的區域則充滿著外淋巴液。

耳蝸的旁邊有三個半圓形的「半規管」（semicircular canals），每個半規管的底部都有一個膨大處稱為「壺腹」。壺腹內有毛細胞，裡面覆蓋著感覺毛，負責感知頭部的旋轉動作。就如同旋轉臉盆時，裡面的水幾乎

不會跟著轉動一樣，旋轉頭部時雖然觸動了半規管的內壁，但不會帶動管內的淋巴液。不過內壁上的毛細胞因受到淋巴液流動的刺激，所以能感知到頭部的轉動。

另一方面，頭部的偏斜及水平、上下方向的動作，則是由「橢圓囊」和「球囊」負責感知。囊袋內於毛細胞的感覺毛上，覆蓋著一層小顆粒狀的耳石。耳石與半規管的淋巴液一樣，因慣性作用欲停在原處，所以能夠感知到頭部的偏斜或各方向的動作。

人體的平衡機制

耳朵在感測頭部的旋轉、運動、偏斜時所引發的感覺，就叫做平衡感。平衡感是由內耳膜迷路（圖中的深紫色部分）內的毛細胞負責感知，毛細胞的感覺毛上被一層果凍狀物質覆蓋著（頂蓋和耳石膜）。當頭部運動時（加速度運動），半規管的內淋巴液及囊內的耳石會因慣性作用欲停在原處。因此，感覺毛會被拉往反方向，便能同時感受到頭部方向的改變。

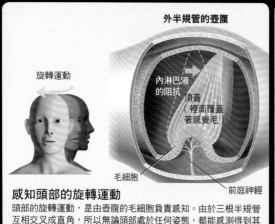

外半規管的壺腹

旋轉運動

內淋巴液的阻抗

頂蓋（裡面覆蓋著感覺毛）

毛細胞

前庭神經

感知頭部的旋轉運動
頭部的旋轉運動，是由壺腹的毛細胞負責感知。由於三根半規管互相交叉成直角，所以無論頭部處於任何姿態，都能感測得到其動態。

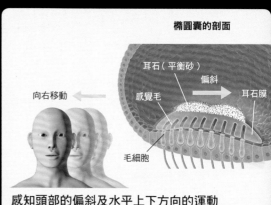

橢圓囊的剖面

耳石（平衡砂）

偏斜

感覺毛

耳石膜

向右移動

毛細胞

感知頭部的偏斜及水平上下方向的運動
橢圓囊內的毛細胞呈水平方向分布，主要負責感測頭部的偏斜及水平方向的運動；球囊內的毛細胞呈垂直方向分布，主要負責感測頭部的偏斜及上下方向的運動。

內耳

骨迷路（淺藍色部分：充滿外淋巴液）
膜迷路（淺紫色部分：充滿內淋巴液）
　　　　＊深紫色部分為毛細胞

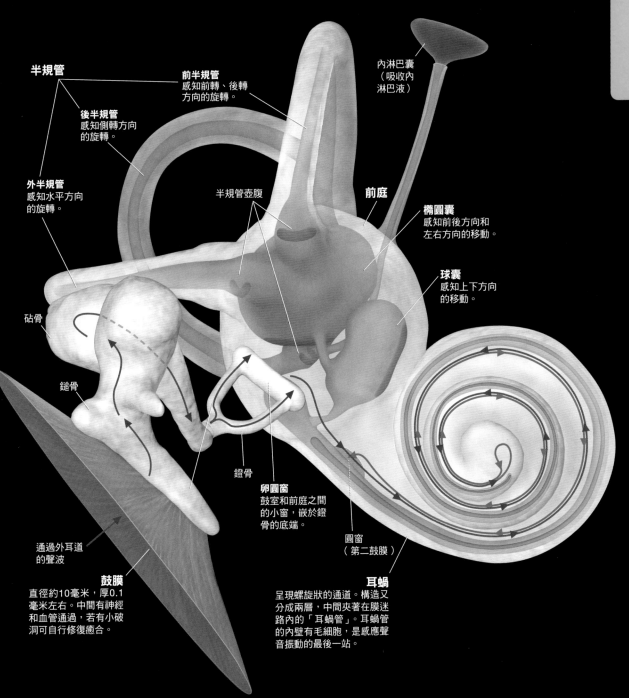

半規管

前半規管
感知前轉、後轉
方向的旋轉。

後半規管
感知側轉方向
的旋轉。

外半規管
感知水平方向
的旋轉。

半規管壺腹

前庭

內淋巴囊
（吸收內
淋巴液）

橢圓囊
感知前後方向和
左右方向的移動。

球囊
感知上下方向
的移動。

砧骨

鎚骨

鐙骨

卵圓窗
鼓室和前庭之間
的小窗，嵌於鐙
骨的底端。

圓窗
（第二鼓膜）

通過外耳道
的聲波

鼓膜
直徑約10毫米，厚0.1
毫米左右。中間有神經
和血管通過，若有小破
洞可自行修復癒合。

耳蝸
呈現螺旋狀的通道。構造又
分成兩層，中間夾著在膜迷
路內的「耳蝸管」。耳蝸管
的內壁有毛細胞，是感應聲
音振動的最後一站。

送到腦中的聲音傳遞至腦中的頭部動作或偏斜

聲音振動進入耳蝸管後，毛細胞就會將電訊號傳至「耳蝸神經」。耳蝸神經與延腦上部相連，因此訊號會傳入耳蝸神經核。神經核為神經元（神經細胞）集中的地方。傳至耳蝸神經核的訊號，接著會透過其他的神經元進入橋腦上部和中腦，最後抵達大腦皮質的初級聽覺區。此即捕捉到聲音時——聽覺的形成過程。

當感測到頭部的動作或偏斜，橢圓囊、球囊和半規管壺腹的毛細胞，就會將電訊號傳至「前庭神經」，再由前庭神經將訊號傳入前庭神經核和小腦。

傳至前庭神經核的訊號，會被送入控制眼球轉動的多個神經核，以及控制頭部肌肉、支撐身體肌肉的脊髓。此外，從前庭神經核發送的訊號也會傳至大腦皮質引發平衡感，但這條路徑目前還不甚明瞭。

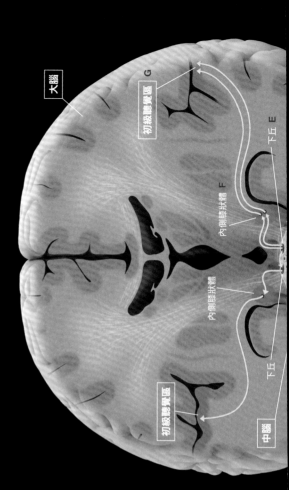

大腦

初級聽覺區 G

內側膝狀體 F

下丘 E

下丘 E

初級聽覺區

中腦

內側膝狀體

聲音的傳導路徑

右圖為聲音進入右耳後的傳導路徑。耳蝸管（A）的毛細胞將聲音轉換成電訊號，並透過耳蝸神經傳至延腦上部的耳蝸神經核（B）。接著，大多數的訊號會進入上部的外側丘系核（C）。中腦的下丘（E）和內側膝狀體（F），抵達位於大腦左側的初級聽覺區（G），形成聽覺。另外，也有一部分的訊號會從右耳傳至大腦右側的初級聽覺區。

頭部動作或動作偏斜的傳導路徑

左圖為右耳感測到頭部動作或動作偏斜的傳導路徑。頭部的加速度運動或動作偏斜是由橢圓囊（A）和球囊（B）的毛細胞負責感知。頭部的旋轉動作則是由半規管壺腹（C）的毛細胞來感知。毛細胞轉換成電訊號後，會透過前庭神經傳送至延腦上部的前庭神經核（D）以反與相關的小腦（E）。

進入前庭神經核的訊號，會繼續傳送到控制眼球轉動、位於橋腦的外旋神經核（F）和中腦的滑車神經核（G）、動眼神經核（H）。此外，還會控制頸部肌肉動作的頸髓（I），以及支撐身體肌肉動作的脊髓（J）。

前庭神經核的訊號，也傳送到大腦皮質並引發平衡感。不過這條路徑還有待釐清，所以圖中沒有標示出來。

當車子突然起步時，會不自覺地把腳伸出去。這是因為前庭神經發出的訊號沒有經由大腦，而是在反射作用下直接傳至肌肉，所以肌肉會在瞬間產生動作。另一方面，若因車子搖晃導致使前庭神經被過度刺激，或是平衡感與視錯覺訊息不一致造成腦部的紊亂，就會引發暈車（動暈症）。預防暈車的藥物中，含有抑制因平衡感和視覺訊息不一導致腦部錯亂的成分。

若音源到左右兩耳的距離不同，則聲音傳入的時間差和響度也會有所差異。腦會以聲音來的時間差和響度大小為基礎，「計算」出音源來的方向和音源的距離。人耳能夠推測出聲音傳來的方向（水平方向），以及音源的距離就是這個緣故。

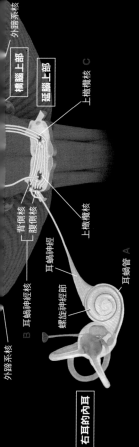

外蹄系核 D
橋腦上部
延腦上部
上橄欖核 C
背側核
腹側核
耳蝸神經
上橄欖核
耳蝸管 A
B 耳蝸神經核
螺旋神經節
耳蝸神經
外蹄系核

右耳的內耳

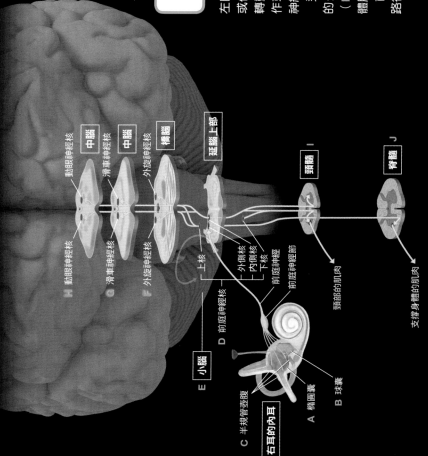

動眼神經核 **中腦**
滑車神經核 **中腦**
外旋神經核 **橋腦**
延腦上部

動眼神經核
滑車神經核
外旋神經核
上核
外側核
內側核
下核
前庭神經核
前庭神經節
D 前庭神經核

H 動眼神經核
G 滑車神經核
F 外旋神經核

E 小腦
C 半規管壺腹
A 橢圓囊
B 球囊

頸髓 I
脊髓 J

頸部的肌肉
支撐身體的肌肉

右耳的內耳

人類能辨識
數萬種的氣味

逛 夜市時，烤肉的香味撲面而來。此時「鼻子」和腦會聯合起來，瞬間分析、識別出氣味。

氣味的真實身分，是漂浮在空氣中、肉眼看不見的微小分子。我們會藉由嗅聞氣味來捕捉這些分子，再從細微的形狀差異來辨識。人類能夠辨識的氣味物質，據說多達數萬種以上。

鼻內的後方，有個稱為「鼻腔」的空間。

當用力吸氣聞味道時，空氣會一股腦地進入鼻腔的頂端。該區域有一層「嗅上皮」（olfactory epithelium）的組織，上面排列著感知氣味的感應器（受器）。感應器將氣味辨識訊息傳到海馬迴後，就會對照過去曾聞過的味道進行解讀，例如「是學生時代常去的咖哩店味道」、「是常逛的書店味道」。接著再傳至杏仁核，做出「喜不喜歡這個味道」之類的情緒判斷。

辨識氣味的受器

負責辨識氣味物質的受器，就存在於嗅上皮的細胞（嗅覺細胞）表面。受器的種類多樣，分別擁有形狀各異的凹陷。若氣味的分子完美嵌入凹陷裡，這個訊息就會傳送到腦部。

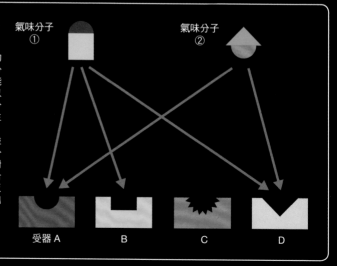

透過「組合」來辨識氣味
右圖是將受器辨識氣味的機制予以簡化後的圖。分子①因為某個部位剛好能嵌入受器A、B、D，所以A、B、D會產生反應；分子②則只有A和D產生反應。

若只有受器A和D，並無法區分是分子①還是分子②，但如果比較「對A、B、D有反應」的組合以及「只有對A、D有反應」的組合，就能區分出分子①和分子②。

氣味分子①　　氣味分子②

受器A　　B　　C　　D

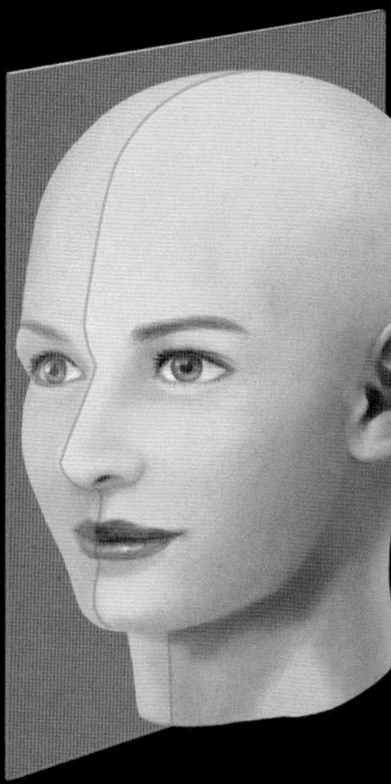

專欄
COLUMN

外側

內側

外側

動物的「第2個鼻子」

犁鼻器是接收費洛蒙的器官，大多存在於脊椎動物，魚類和鳥類的身上並沒有。例如蛇會頻繁吐出蛇信，就是為了將獵物的氣味從口腔頂端傳至犁鼻器來辨識。若切斷犁鼻器和腦的連結神經，蛇就無法捕捉獵物了。雖說是「第2個鼻子」，但犁鼻器也是動物維持生存時不可或缺的感覺器官。

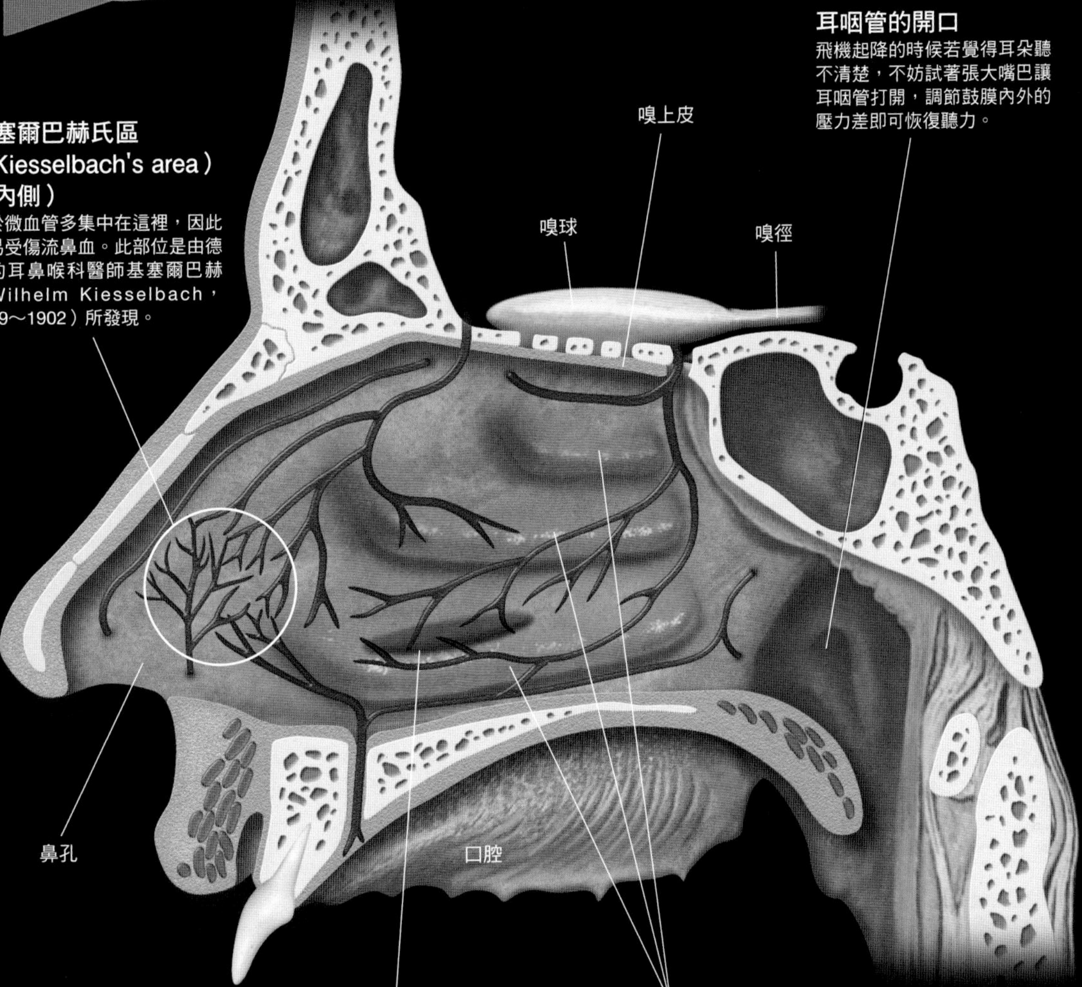

耳咽管的開口
飛機起降的時候若覺得耳朵聽不清楚，不妨試著張大嘴巴讓耳咽管打開，調節鼓膜內外的壓力差即可恢復聽力。

嗅上皮

基塞爾巴赫氏區
（Kiesselbach's area）
（內側）
由於微血管多集中在這裡，因此容易受傷流鼻血。此部位是由德國的耳鼻喉科醫師基塞爾巴赫（Wilhelm Kiesselbach，1839～1902）所發現。

嗅球

嗅徑

鼻孔

口腔

感知費洛蒙的犁鼻器痕跡。位於鼻孔後方約2公分處，長2～7毫米左右。每個人的位置和大小差很多。

外側壁上的突起
外側壁上有三個鼻甲（上鼻甲、中鼻甲、下鼻甲），以及由鼻甲分隔出的三個鼻道。

嗅覺支配著400種感應器

氣味分子被吸入鼻腔，其中一部分會進入覆蓋在嗅上皮的黏液中。黏液中布滿著藏有許多受器的「嗅纖毛」，亦即感知氣味的感應器。視覺和聽覺、觸覺、味覺的感應器，最多也就是數種～數十種。但由於「嗅覺」需要識別出飄散在空氣中多達數萬種的物質，因此擁有約400種的感應器。

氣味的感受方式因人而異，某些氣味可能大多數人聞得到，但卻有少部分的人完全感受不到，這種現象稱為「嗅盲」（olfactory blindness）。

嗅盲發生的原因，是因為某些人的部分受器功能無法運作或是退化導致。例如麝香鹿所分泌的費洛蒙「麝香」，這種氣味分子只能活化1種受器。因此「麝香受器」感受性低下的人，對於麝香的氣味靈敏度也會較低，據說這樣的人所占比例並不低。

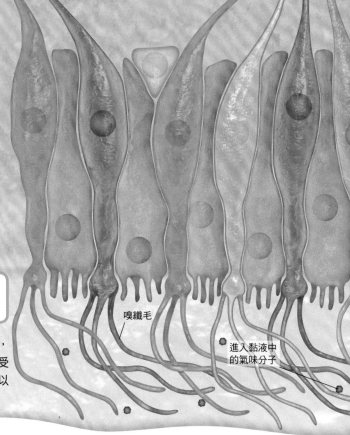

2. 產生電訊號
訊息在嗅細胞內轉換成電訊號後，透過神經元（神經細胞）傳遞至嗅球。

1. 由受器辨識出氣味分子
進入黏液中的氣味分子，會與嗅毛的受器結合。若形狀相符，即將訊息傳送到嗅細胞內。

感測氣味分子的機制

於鼻腔上部的嗅上皮感知到的氣味分子訊息，會匯集到嗅球的各個受器，再傳送到腦部。受器約有400種，散落分布於嗅上皮中（圖中以不同的顏色來顯示）。

嗅纖毛

進入黏液中的氣味分子

鼻腔

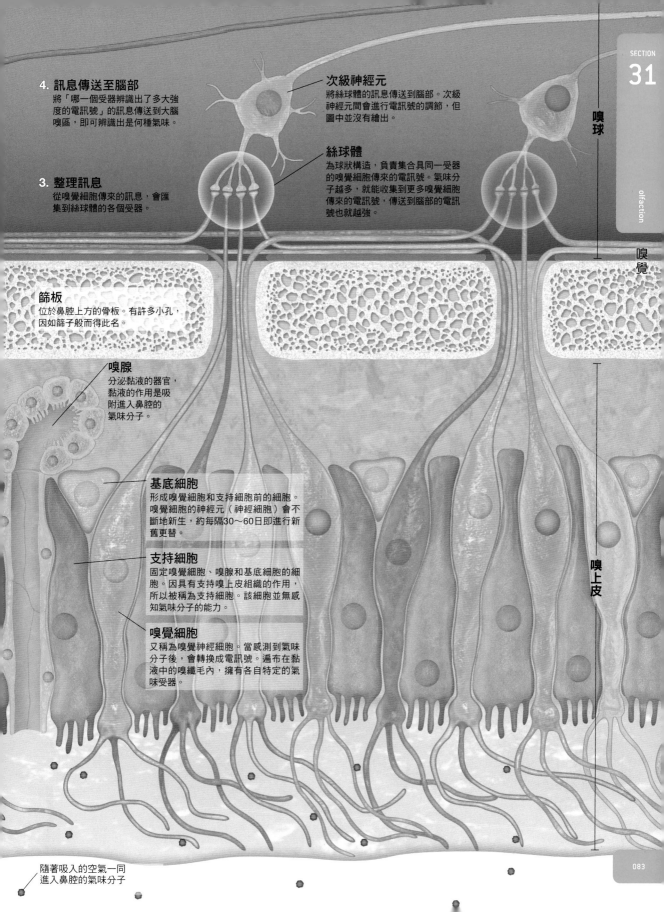

嗅球

嗅覺

嗅上皮

4. 訊息傳送至腦部

將「哪一個受器辨識出了多大強度的電訊號」的訊息傳送到大腦嗅區，即可辨識出是何種氣味。

次級神經元

將絲球體的訊息傳送到腦部。次級神經元間會進行電訊號的調節，但圖中並沒有繪出。

絲球體

為球狀構造，負責集合具同一受器的嗅覺細胞傳來的電訊號。氣味分子越多，就能收集到更多嗅覺細胞傳來的電訊號，傳送到腦部的電訊號也就越強。

3. 整理訊息

從嗅覺細胞傳來的訊息，會匯集到絲球體的各個受器。

篩板

位於鼻腔上方的骨板。有許多小孔，因如篩子般而得此名。

嗅腺

分泌黏液的器官，黏液的作用是吸附進入鼻腔的氣味分子。

基底細胞

形成嗅覺細胞和支持細胞前的細胞。嗅覺細胞的神經元（神經細胞）會不斷地新生，約每隔30～60日即進行新舊更替。

支持細胞

固定嗅覺細胞、嗅腺和基底細胞的細胞。因具有支持嗅上皮組織的作用，所以被稱為支持細胞。該細胞並無感知氣味分子的能力。

嗅覺細胞

又稱為嗅覺神經細胞。當感測到氣味分子後，會轉換成電訊號。遍布在黏液中的嗅纖毛內，擁有各自特定的氣味受器。

隨著吸入的空氣一同進入鼻腔的氣味分子

為何會變得感覺不到「房間的氣味」？

大家是否有過這樣的經驗呢？剛踏入麵包店的瞬間聞到濃郁的麵包香氣，但過久一點就聞不到了。

傳遞氣味的電訊號，是在嗅覺細胞內外的電位出現變化時產生。而電位的變化，則發生在連結起細胞內外的「閘門」，也就是離子通道（ion channel）打開，離子（帶電的粒子）穿越閘門移動的時候。

當麵包店的麵包氣味分子進入鼻腔與受器結合。一度開啟的離子通道在細胞內的離子增加後，會避免再次開啟而抑制傳遞氣味訊息的酵素運作，因此難以產生電訊號。導致嗅覺細胞無法再傳遞該氣味的訊號，這種現象稱為「減敏作用」（desensitization）。

對持續存在的氣味變得不敏感後，反而容易感受到新產生的氣味。也就是動物透過減敏作用，才能夠隨時敏銳地感覺到周遭的變化。

大象的驚人嗅覺

動物可藉由受器的組合（請參照第80頁）辨識出多種氣味。若原本持有的受器種類越多，組合的數量也會相對增加，更能辨識出各式各樣的氣味物質。也因為如此，受器的數量即成了氣味辨識能力好壞的指標。

下圖是13種動物的受器數量比較圖。在這當中，可以看到非洲

受器的數量依生物種類而異

右圖是13種哺乳類的嗅覺受器數量比較。說到嗅覺敏銳的動物，可能多數人都會想到狗吧。雖然辨識氣味的能力受到受器的「種類」很大的影響，但感知微量氣味分子的嗅覺「敏銳度」，則是取決於嗅覺細胞的數量。因此嗅覺的優異與否，兩方的要素皆需列入考慮才能判斷。

＊圖表是以東京大學的新村芳人、東原和成等人的研究團隊，於 2014 年 7 月的新聞稿「非洲象擁有的嗅覺受器基因，是狗的 2 倍、人類 5 倍」為基礎所製成。

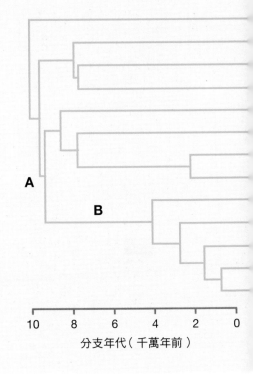

A

B

10 8 6 4 2 0

分支年代（千萬年前）

象的受器數量遠遠超越其他動物。據說非洲象擁有驚人的嗅覺能力，甚至能分辨出是天敵的狩獵民族（馬賽族）還是不具威脅性的農耕民族（班圖族）。

從感覺器官可以知道演化的環境

而包括人類在內的靈長類動物，受器數量就比較少。若將比較基因所畫出的演化樹和受器數量做對照，可以發現在陸地上像老鼠那樣生活的時候（Ａ），受器的種類較多；但當開始在樹上生活後，受器數量就減少了（Ｂ）。一般認為這是因為在樹上生活時，比起嗅覺更需要仰賴

視覺所致。

另外，過去曾於陸地上生活、但如今棲息在海中的鯨豚類，其受器幾乎沒有任何功能，嗅覺已近乎喪失。因此從各種生物特化的感覺器官，亦可得知該物種是在什麼樣的環境中演化而成。

金屬沒有氣味
舉例來說，觸摸硬幣時會感覺到「金屬的味道」，但事實上這並不是金屬本身的氣味。當觸摸硬幣時，手的皮脂等有機物，會透過只在金屬上產生的化學反應變化成別的有機物。而該有機物揮發後（在空氣中飄散）的物質，讓我們誤認為是金屬的氣味所致。

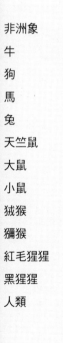
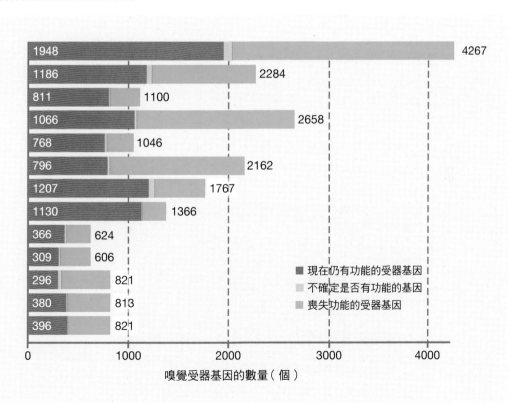

動物	數值	數值
非洲象	1948	4267
牛	1186	2284
狗	811	1100
馬	1066	2658
兔	768	1046
天竺鼠	796	2162
大鼠	1207	1767
小鼠	1130	1366
狨猴	366	624
獼猴	309	606
紅毛猩猩	296	821
黑猩猩	380	813
人類	396	821

■ 現在仍有功能的受器基因
■ 不確定是否有功能的基因
■ 喪失功能的受器基因

0　1000　2000　3000　4000
嗅覺受器基因的數量（個）

味覺的感應器集中於舌頭

很 多人都聽過「舌尖感受甜味，舌頭兩側感受酸味，舌根附近感受苦味」的說法吧？這是以1900年左右的研究為基礎繪製的「味覺圖」，但其實這樣的理解方式並不正確。

基本上，「舌」的每個部位都可以依照苦味、酸味、甜味（或是鹹味）的順序感測到味道。不過，味道的「敏感度」會依舌頭部位而不同。這是因為接收味道分子的感應器（味蕾）並非遍布在舌頭各處，而是集中在舌尖、舌根附近及舌緣後方的緣故。

「味蕾」（taste bud）是由數十個味覺細胞組成的構造。成人有6000～7000個味蕾，且80%左右都在舌頭的表面，剩下的20%則分布在喉嚨及軟顎（口腔深處上方的柔軟部分）。位於喉嚨的味蕾，即便只是喝水也會有反應，亦即所謂的「喉韻」。

**味蕾的分布位置
（黃色）**

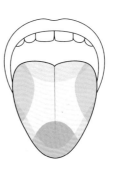

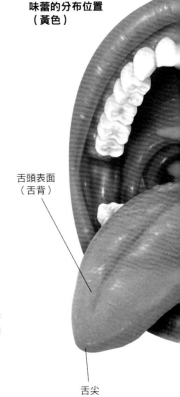

舌頭表面
（舌背）

舌尖

上圖為根據1900年左右的研究所繪製的「味覺圖」，由於簡單易懂因此廣為流傳。

方艾勃納氏腺的分泌液

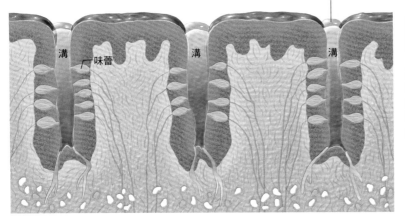

溝　味蕾　溝　溝

葉狀乳突
（foliate papillae）

與舌緣後方相連，呈皺褶狀（一個皺褶剖面約聚集10幾個味蕾）。與鄰近的葉狀乳突之間有深溝相隔著，溝底與輪廓乳突一樣有方艾勃納氏腺。

味蕾的敏感度是透過味覺細胞的新陳代謝來維持，大約10天一個週期。在與細胞更新有關的各種酵素中，鋅是其中的必要微量元素。因此，若「鋅」的含量不足就會引起味覺障礙。

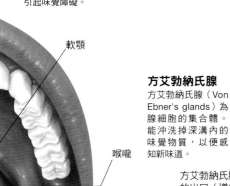

軟顎

喉嚨

舌根附近
（以輪廓乳突為主）

舌緣
（尤其是後方）

輪廓乳突（vallate papilla）

約有10個乳突在舌根附近排成倒 V 字型。中央隆起的圓柱部分直徑約 2 毫米，形似城市外圍的「廓」。一個輪廓乳突中有200多個味蕾，就連溶於深溝內的細微味道分子都能感知到。

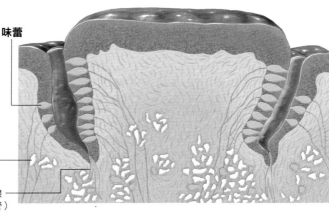

味蕾

方艾勃納氏腺
方艾勃納氏腺（Von
Ebner's glands）為
腺細胞的集合體。
能沖洗掉深溝內的
味覺物質，以便感
知新味道。

方艾勃納氏腺
的出口（導管）

味蕾由舌乳突組合構成

味蕾為味覺的感受器，排列著被稱為舌乳突的突起結構。舌乳頭又分為 4 種，其中味蕾數量最多且最為集中的是輪廓乳突，絲狀乳突則不含味蕾。

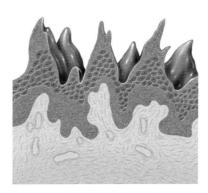

絲狀乳突（filiform papillae）

遍布在整個舌頭的表面（是所有舌乳突中最多者），沒有味蕾。為舌頭表面粗糙的主因，可於舔拭東西時發揮作用。貓咪的舌頭有著刺狀的粗糙感，也是絲狀乳突的關係。

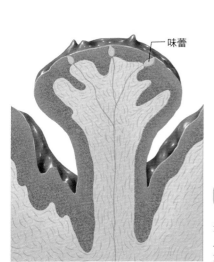

味蕾

蕈狀乳突（fungiform papillae）

形狀猶如蕈菇，主要集中於舌尖。一個乳突有3～4個味蕾，並無方艾勃納氏腺。由於位於味蕾的表面，與輪廓乳突和葉狀乳突不同，所以能夠迅速感測出味道。

瞬間判斷營養或有害的味覺機制

基本上，我們對於能成為營養來源的食物會覺得是「喜歡的味道」，有害的食物則覺得是「討厭的味道」。而且對於無法消化、不能成為營養的食物，通常都感受不到味道。「味覺」是一種相當優秀的機制，能迅速調查進入口中的食物分子構造，並判斷出究竟是營養還是有害。

例如感受到甜味的時候，代表著食物中含有可作為能量來源的糖等醣類。鮮味的話，則是對應麩胺酸（glutamic acid）、肌苷酸（inosinic acid）等胺基酸。這些分子富含在肉類、魚類等食物中，人類可藉由鮮味的感覺來辨識出做為重要營養來源的蛋白質。

鹹味則是在感知鈉離子時能感受到，因為生物體需要一定數量的礦物質。

另一方面，酸味和苦味的味覺可以檢測出對人體有害的分子，具有警告的作用。食物一旦腐壞多數帶有酸味，這是由於微生物在分解食物的過程中會製造出酸味分子的緣故。另外，擔任檢測毒物分子的是感知苦味的味覺細胞，所以毒物會讓人感覺到苦味。

I 型細胞（暗細胞）
味覺細胞的最外層，具有支持細胞的功能。

III 型細胞（中間細胞）
擁有酸味的受器。

IV 型細胞（基底細胞）
I～III 型細胞的前驅細胞。味蕾內的細胞平均壽命約為10天，隨時會進行新舊更替。

等待著食物分子的輪廓乳突味蕾

*像「阿斯巴甜」（aspartame）這種人工甜味劑，即使能感覺到甜味，不一定能成為能量來源；帶苦味或酸味的東西，也不全然都是有害。為了防止孩童誤食，會在小型電子零件、玩具塗上的「苯甲地那銨」（Denatonium benzoate，$C_{28}H_{34}N_2O_3$），雖不具毒性，但只要微量就能感受到強烈的苦味。此外，有些毒物是無臭無味的。

人類能感覺出 5 種味道（甜味、鮮味、鹹味、酸味、苦味），是因為每一種味道都有各自負責感知的味覺細胞，而這些味覺細胞就集中在味蕾中。

味覺細胞又分成「I 型細胞」、「II 型細胞」、「III 型細胞」，II 型細胞負責感知甜味、鮮味、苦味，III 型細胞為酸味。接收鹹味的細胞目前還不太清楚，但有假說認為是 III 型細胞。I 型的作用，則是作為維持味覺細胞的支持細胞。

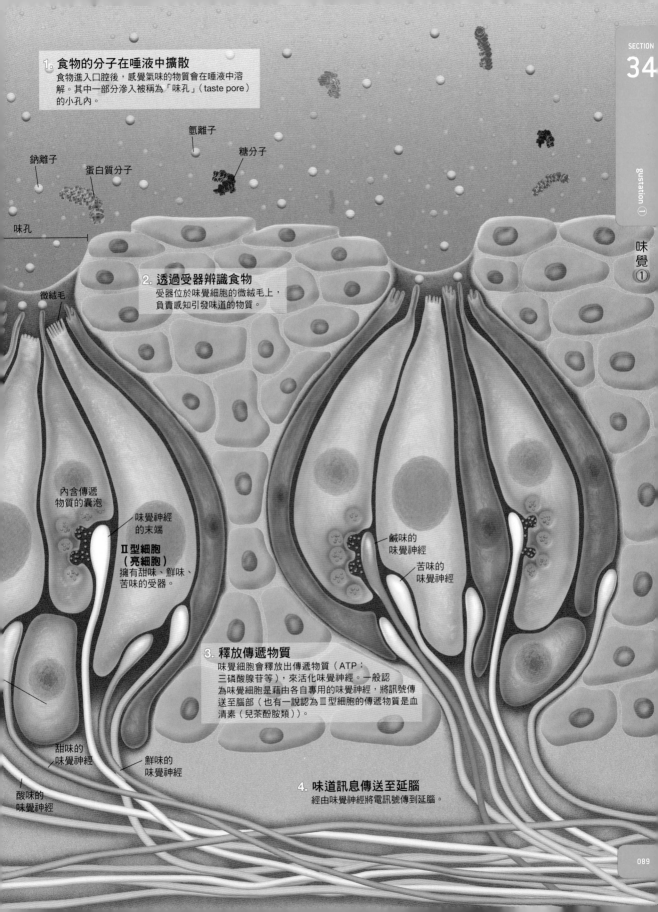

1. 食物的分子在唾液中擴散

食物進入口腔後，感覺氣味的物質會在唾液中溶解。其中一部分滲入被稱為「味孔」（taste pore）的小孔內。

鈉離子

氫離子

蛋白質分子

糖分子

味孔

微絨毛

2. 透過受器辨識食物

受器位於味覺細胞的微絨毛上，負責感知引發味道的物質。

內含傳遞物質的囊泡

味覺神經的末端

Ⅱ型細胞（亮細胞）
擁有甜味、鮮味、苦味的受器。

鹹味的味覺神經

苦味的味覺神經

3. 釋放傳遞物質

味覺細胞會釋放出傳遞物質（ATP：三磷酸腺苷等），來活化味覺神經。一般認為味覺細胞是藉由各自專用的味覺神經，將訊號傳送至腦部（也有一說認為Ⅲ型細胞的傳遞物質是血清素（兒茶酚胺類））。

甜味的味覺神經

鮮味的味覺神經

酸味的味覺神經

4. 味道訊息傳送至延腦

經由味覺神經將電訊號傳到延腦。

「美味」是在腦中產生的

當味覺細胞感受到食物分子後,會透過味覺神經傳送到延腦的孤束核,此處是味覺訊息的中繼站。

就以吃烤肉為例,孤束核會承接「鹹味」、「鮮味」等味道訊息,並經由視丘將訊息送至大腦的「初級味覺區」,以分析味道的強弱和性質。接著在「次級味覺區」整合來自嗅覺和觸覺的氣味、口感等訊息,形成我們所感受到「對烤肉味道的印象」。

杏仁核會對烤肉(吃下的食物)做出好惡的情緒判斷,下視丘即分泌出掌控食慾的激素。接著於海馬迴形成味道的記憶,並保存在大腦皮質中。之後只要根據這個記憶,就能辨別出是什麼味道。

此外,經常發生在孤束核歸類為「討厭的味道」,而大腦卻覺得是「美味」的情況。酸味和苦味本來就是「討厭的味道」,為食物腐敗或是毒物的味道,但也有很多人喜歡葡萄柚的酸味或咖啡的苦味。會覺得這些味道「美味」,是大腦已然學會那是安全且對身體有益的食物。

小腸和胰臟也能「感受味道」?

近年來,已知小腸和胰臟中也存在味覺的受器。雖然作用尚未充分明瞭,但甜味受器或許可發揮糖感應器的作用,有助於改善肥胖、糖尿病、高血壓等生活習慣病。

專欄 COLUMN

為何融化的冰淇淋吃起來比較甜?

融化的冰淇淋吃起來比冰凍時來得甜,熱湯冷掉後味道反而變得更濃,這是因為味覺細胞內傳遞味道訊息的酵素,在接近體溫時最能發揮作用的緣故。當味覺細胞的溫度比食物低或高時,酵素的作用會暫時減弱,感受味道的能力也變遲鈍了。低溫或高溫的食物為了凌駕這個效果,調味會較重。

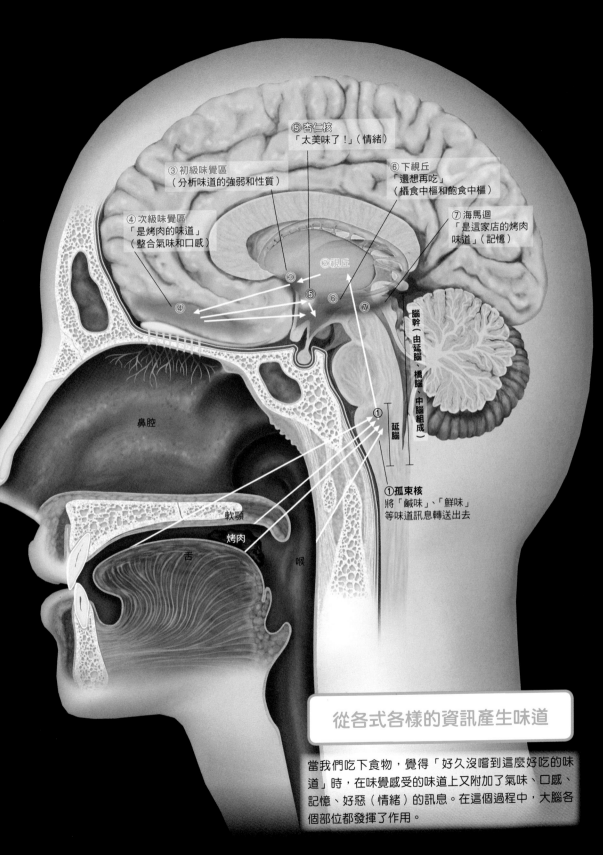

⑤杏仁核
「太美味了!」(情緒)

③初級味覺區
(分析味道的強弱和性質)

⑥下視丘
「還想再吃」
(攝食中樞和飽食中樞)

④次級味覺區
「是烤肉的味道」
(整合氣味和口感)

⑦海馬迴
「是這家店的烤肉
味道」(記憶)

②視丘

腦幹(由延腦、橋腦
中腦組成)

鼻腔

軟顎

烤肉

舌

喉

延腦

①孤束核
將「鹹味」、「鮮味」
等味道訊息轉送出去

從各式各樣的資訊產生味道

當我們吃下食物,覺得「好久沒嚐到這麼好吃的味道」時,在味覺感受的味道上又附加了氣味、口感、記憶、好惡(情緒)的訊息。在這個過程中,大腦各個部位都發揮了作用。

COLUMN

「鮮味」是世界的共通語

在舌頭能感受到的基本味道（甜味、鮮味、鹹味、酸味、苦味）中納入了鮮味，還是最近的事情。1908年，池田菊苗博士（1864～1936）發現昆布高湯中的美味成分來源，是一種胺基酸「麩胺酸」的化合物（鹽類），並將其命名為「鮮味」。在2000年時發現了鮮味的受器，鮮味已是國際上承認的基本味道，英語也隨日語發音稱鮮味為「umami」。

從昆布能烹調出含麩胺酸的高湯，從柴魚片可以熬出含肌苷酸的高湯，麩胺酸和肌苷酸都是代表性的鮮味物質。比起單獨攝取，同時攝取麩胺酸和肌苷酸更能大幅增加鮮味。這種相乘效果的機制尚未完全闡明，但可能是鮮味受器的感受性提高了。日本和食中大多會使用昆

味覺細胞內產生電訊號的機制

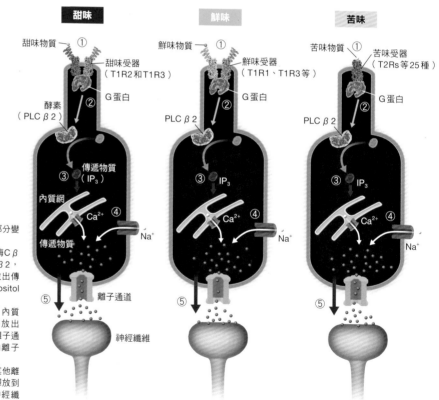

甜味 鮮味 苦味 的細胞

① 受器與味道分子結合。
② 突出於受器和細胞內側的部分變形，活化G蛋白。
③ G蛋白會促進酵素「磷脂酶Cβ2」（phospholipase Cβ2，PLCβ2）的活性化，釋放出傳遞物質「肌醇三磷酸」（Inositol trisphosphate，IP₃）。
④ 透過IP₃將儲存在細胞內「內質網」的鈣離子（Ca²⁺）釋放出來，在離子平衡的改變下離子通道被打開，使細胞外的鈉離子（Na⁺）等陽離子流入。
⑤ 藉由因電位變化而開啟的其他離子通道，讓傳遞物質ATP釋放到細胞外，活化相對應的神經纖維，向腦部傳送訊號。

布和柴魚片的「綜合高湯」，是因為從經驗得知比起分別使用，這樣更能增加鮮味的緣故。

苦味的受器
多達25種

當受器接收到引發味道的物質後，這個訊息會在味覺細胞的內部轉換成電訊號，再傳送到大腦。鮮味、甜味和苦味在味覺細胞內產生電訊號的機制，除了受器不同之外，其餘都是共通的。

鮮味和甜味的受器都只有數種，但苦味的受器目前已知有25種。苦味原本就是對應毒物的味道，但毒物的分子結構比起甜味或鮮味物質更是多種多樣。在演化過程中，苦味受器的多樣化有助於人類的生存。

對於甜味的感受性，會依哺乳類物種的不同而有差別，原因則在於受器結構的個體差異。舉例來說，人類會覺得人工甜味劑的「阿斯巴甜」吃起來是甜的，但小鼠卻不覺得甜。而且有研究報告指出，貓對甜食興趣缺缺是因為甜味受器「T1R2」的基因發生變異所造成的結果。可能是因為肉食性的貓科動物，在演化過程中對甜味的需求逐漸降低之故。

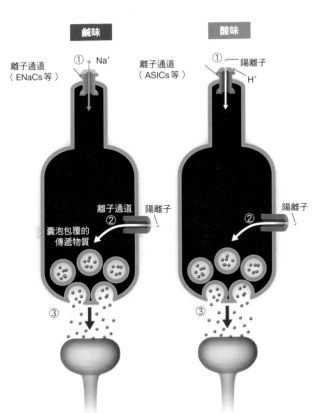

鹹味的細胞

① 鈉離子（Na⁺）經由離子通道（ENaCs）流入細胞內，造成電位平衡的改變。
② 細胞的其他離子通道開啟，鈉離子和鈣離子流入。
③ 釋放至味覺神經的傳遞物質，會活化相對應的神經纖維，向腦部傳送訊號。傳遞物質被包覆在囊泡內，會透過囊泡與細胞膜的融合、破裂，釋放到細胞外（Ⅲ型細胞）。

酸味的細胞

① 氫離子（H⁺）與離子通道（ASICs）結合後，離子通道開啟，陽離子流入細胞內，造成電位平衡的改變。
② 細胞的其他離子通道開啟，鈉離子和鈣離子流入。
③ 釋放至味覺神經的傳遞物質，會活化相對應的神經纖維，向腦部傳送訊號。傳遞物質被包覆在囊泡內，會透過囊泡與細胞膜的融合、破裂，釋放到細胞外。

＊受器有好幾種，左圖以插圖繪製鹹味的受器為ENaCs（上皮鈉離子通道）時，以及酸味的受器為ASICs（因為酸而打開的陽離子通道）時。

皮膚是身體與外界接觸的媒介

「**皮**膚」是人體最大的器官，成人全身皮膚的表面積約為1.6～1.8平方公尺，差不多是一張榻榻米的大小。

我們的皮膚是由表皮（epidermis）、真皮（dermis）及皮下組織（subcutaneous tissue）三層構造所組成。最上層的「表皮」，含有大量稱為角蛋白（keratin）的纖維狀蛋白質，作為抵禦外界病原菌入侵體內的屏障。

真皮位於表皮的下方，由膠原纖維和彈性纖維所組成，為堅韌又富彈性的網狀結構。因此就算皮膚受到了擠壓或拉扯，也不容易變形。

皮下組織是皮膚的最下層，位於真皮和肌肉、骨骼之間。含有大量的脂肪，因此皮下組織就像有彈性的軟墊一般，可以緩和外力的衝擊。同時，脂肪亦可作為製造能量時的燃料，所以皮下組織也在人體的儲存庫方面扮演重要的角色。

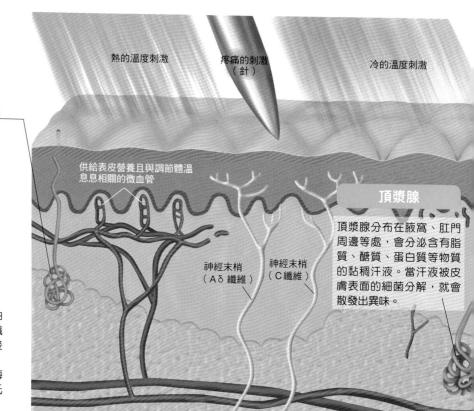

熱的溫度刺激

疼痛的刺激（針）

冷的溫度刺激

外泌汗腺

汗液（99%以上是水分）就是來自分泌汗腺，幾乎遍布於全身。

供給表皮營養且調節體溫息息相關的微血管

頂漿腺

頂漿腺分布在腋窩、肛門周邊等處，會分泌含有脂質、醣質、蛋白質等物質的黏稠汗液。當汗液被皮膚表面的細菌分解，就會散發出異味。

神經末梢（Aδ纖維）

神經末梢（C纖維）

觸覺器官

「熱」、「冷」、「疼痛」的刺激（訊息），是由「Aδ纖維」和「C纖維」的神經末梢負責接收。「觸覺」、「壓覺」之類的刺激，則是由梅克爾氏細胞、梅斯納氏小體、巴齊尼氏小體、魯斐尼氏小體來接收。

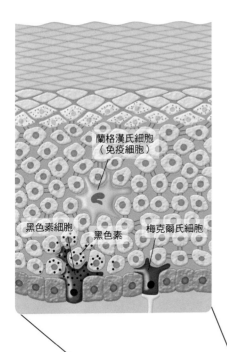

表皮

表皮中有免疫細胞「蘭格漢氏細胞」（Langerhans cell），真皮內也有會吞噬病原菌的巨噬細胞、可以動員免疫細胞的肥大細胞處於待命狀態，就這樣為身體築起一道防護牆。

在表皮最下層的基底細胞，進行分裂之後會不斷的向上推送，而其中的「黑色素細胞」（melanocyte）會製造出「黑色素」，保護皮膚免於紫外線的傷害。隨著黑色素細胞逐漸往上移動，失去細胞核和胞器，被角蛋白填滿後，細胞也漸漸趨於扁平。抵達表皮最上層的角質層之後，成為皮垢剝落。

蘭格漢氏細胞
（免疫細胞）

黑色素細胞　黑色素　梅克爾氏細胞

由3層構造所組成的皮膚

皮膚由表皮、真皮、皮下組織三層結構組成，表皮和真皮合起來的厚度約1～4毫米，但每層結構的厚度會依身體部位而不同。此外，皮膚也具有接收按壓、溫度、疼痛等刺激（訊息）的感應器。

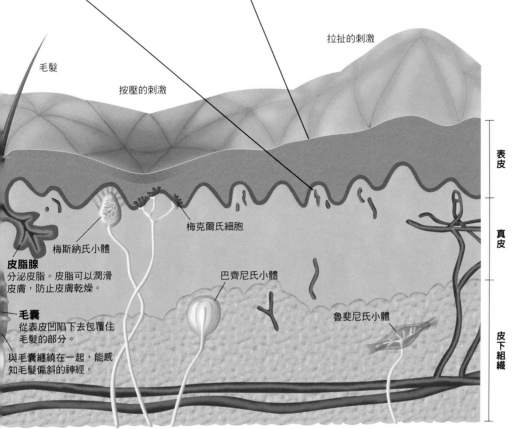

拉扯的刺激

毛髮

按壓的刺激

梅克爾氏細胞

梅斯納氏小體

皮脂腺
分泌皮脂。皮脂可以潤滑皮膚，防止皮膚乾燥。

毛囊
從表皮凹陷下去包覆住毛髮的部分。

與毛囊纏繞在一起，能感知毛髮偏斜的神經。

巴齊尼氏小體

魯斐尼氏小體

表
皮

真
皮

皮
下
組
織

皮膚內有接收觸覺、溫度覺、痛覺的神經

皮 膚具有與視覺、聽覺、嗅覺、味覺並列的「膚覺」。所謂膚覺是指感受壓力和振動的「觸覺」、感受溫度的「溫度覺」、感受組織損傷的「痛覺」等等。

膚覺的敏感度依位置會有極大的差異，例如嘴巴周圍對於食指或中指指腹的觸感力道最為敏感。出現差異的原因，在於皮膚擁有各式各樣的感應器（密度依不同位置而異）。

舉例來說，「梅斯納氏小體」和「巴齊尼氏小體」是對振動有反應的接收器，振動指的是在短周期重複的觸壓動作。在接觸到物體時，皮膚會產生細微的振動，造成兩個小體搖晃，並反應至各自連接的神經，使得皮膚產生感覺。此外，指尖上的這兩個小體分布相當密集，即使不到1毫米寬的溝紋都能接收得到。

- -

感應器密布的指尖

指尖的指腹有對溫度覺、痛覺等有反應的「游離神經末梢」（free nerve ending），以及對觸覺、振動有反應的 4 種「力學受器」（mechanoreceptor）。為了便於理解，所以右圖中將血管等組織予以省略，沒有描繪出來。

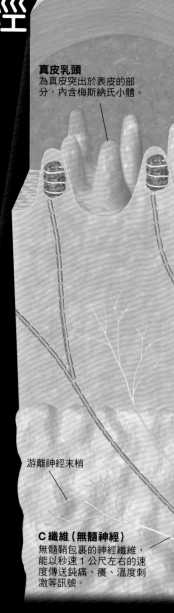

真皮乳頭
為真皮突出於表皮的部分，內含梅斯納氏小體。

游離神經末梢

C 纖維（無髓神經）
無髓鞘包裹的神經纖維，能以秒速 1 公尺左右的速度傳送鈍痛、癢、溫度刺激等訊號。

汗腺出口

梅斯納氏小體
接收振動的感應器，位於真皮最靠近表皮的地方。小體外被膠原蛋白等組織構成的膜包住，與Aβ纖維（Aβ fibers）的神經末梢相連。反應的範圍為10～100赫茲（1赫茲代表每1秒振動1次），最容易感受到40赫茲左右的振動頻率。高約0.15毫米。

壓力

緩慢振動

急速振動

梅克爾氏細胞
對觸壓有反應的細胞，負責感受物體的形狀（邊緣或稜角）和表面的凹凸不平。直徑約0.01毫米，位於表皮和真皮的交界處。

游離神經末梢
若於Aδ纖維（Aδ fibers）的神經末梢施予切割、壓迫等物理性的刺激，此劇痛會傳至大腦；C纖維（C fibers）的神經末梢，則會接收由血液、受傷組織釋放的發炎物質及致痛物質等化學物質，並將此鈍痛傳至大腦。
　Aδ纖維和C纖維也會接收來自溫度的刺激，但若溫度過熱或是過冷則會感到疼痛。

皮膚被拉扯？

魯斐尼氏小體
位於真皮，能感受到皮膚被拉扯的刺激。雖然也是小體的一種，但詳細作用仍不清楚。

巴齊尼氏小體
位於真皮和皮下組織，為負責接收振動的感應器。外有被膜包覆，與Aβ纖維的末梢相連。反應的範圍為100～1000赫茲，最容易感受到250赫茲左右的振動頻率。直徑約0.7毫米。

Aβ纖維（有髓神經）
能以秒速72公尺的速度，將觸壓、振動的訊號傳送至腦部。

Aδ纖維（有髓神經）
能以秒速30公尺的速度，將鈍痛、溫度刺激的訊號傳送至腦部。神經纖維的外圍有髓鞘包裹著，具有絕緣的作用。

表皮（指尖的表皮厚度不超過1毫米）

真皮（指尖的真皮厚度約1毫米）

皮下組織

恆定的核心體溫與變化較大的體表溫度

熱茶放著會逐漸轉涼，但是人類就算休息不動，身體仍可保持著溫熱的狀態。也就是說，體內會自己產生熱量。

「體溫」的能量來自於身體內部的各種化學反應，例如將食物成分轉化成其他物質，作為身體的材料等等。像這種維持生命相關的一連串活動，稱為代謝（metabolism），而代謝的實體就是種類繁多的化學反應。

嚴謹來說，體溫是指「核心體溫」（core body temperature）。所謂核心體溫指的是腦和內臟的溫度，大概保持在37℃上下。另一方面，身體表面的溫度「體表溫度」（skin temperature），除了會受周圍溫度的影響外，也會為了要調節核心體溫而變化較大。

核心體溫是否能保持恆定是攸關性命的重要問題。若溫度過度下降，就不容易發生化學反應。反之，如果溫度過度上升，就可能出現建構體內材料的蛋白質因受熱而變性的情況。因此在我們的身體，腦和內臟等維持生命的重要部位，體溫一定要保持恆定才能避免這些危險。

外界溫度較高時

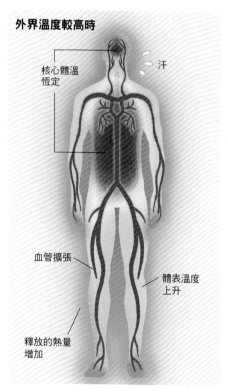

核心體溫恆定

汗

血管擴張

體表溫度上升

釋放的熱量增加

外界溫度較低時

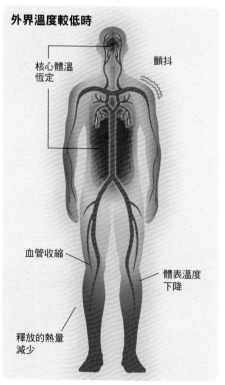

核心體溫恆定

顫抖

血管收縮

體表溫度下降

釋放的熱量減少

＊上圖中的血管只是模式圖，會粗細變化的血管，實際上是較細的血管。

外界炎熱時

運送血液至皮膚的動脈血管擴張，加上動靜脈吻合（arteriovenous anastomoses）也處於開放的狀態，因此使流入皮膚表面血管的血液量增加，讓體內的熱氣得以消散。同時，從外泌汗腺製造的汗液，在蒸發時也會將身體的熱能帶走（汽化熱）。

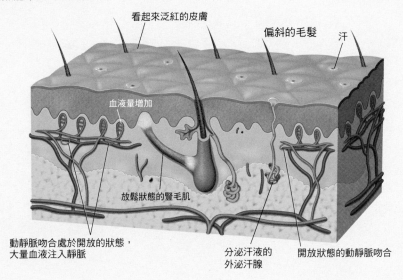

看起來泛紅的皮膚　　偏斜的毛髮　汗

血液量增加

放鬆狀態的豎毛肌

動靜脈吻合處於開放的狀態，
大量血液注入靜脈

分泌汗液的
外泌汗腺　　開放狀態的動靜脈吻合

外界寒冷時

運送血液至皮膚的動脈血管收縮，動靜脈吻合也處於關閉的狀態，因此流入皮膚表面血管的血液量變少，得以避免體內的熱氣散失。同時，真皮內的豎毛肌會收縮，使與之相連的毛髮也豎直起來。毛髮周圍的表皮也由豎毛肌拉緊而形成凹陷，毛髮下方的皮膚則向上隆起，形成俗稱的「雞皮疙瘩」。體毛較長的動物，因雞皮疙瘩而豎起的毛髮可以形成空氣層，避免身體的熱氣流失。

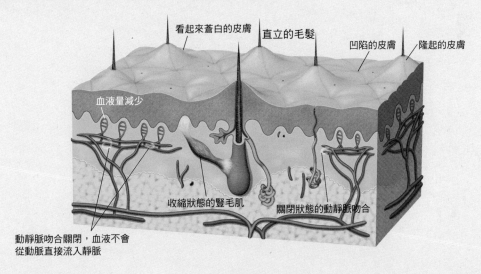

看起來蒼白的皮膚　直立的毛髮　　凹陷的皮膚　隆起的皮膚

血液量減少

收縮狀態的豎毛肌　　關閉狀態的動靜脈吻合

動靜脈吻合關閉，血液不會
從動脈直接流入靜脈

指甲和毛髮都是皮膚的一部分

如果指尖沒有「指甲」，會發生什麼事呢？相信在開易開罐時，會感到操作不易；還有想抓癢時，也會感到不便。然而問題並不僅是這些，指尖會使不上力，也容易長濕疹。

指甲是皮膚（表皮）的一部分變硬後所形成的，不僅可以執行細微的動作，硬質的結構還具有支撐指尖、保護皮膚的作用。

由「指甲基質」所製造的指甲，以推送的方式朝指尖方向生長。生長速度平均 1 天約0.1毫米（成人的手指甲）。

指甲的生長速度不一，夏天比冬天快，白天也比晚上快。此外，中間 3 根手指（食指、中指、無名指）的指甲，也比拇指和小指長得快。另一方面，腳趾甲比手指甲長得慢，而所有腳趾中又以腳拇趾長得最快。

每天都會掉落100根左右的頭髮

「毛髮」和指甲一樣，都是從表皮細胞變形而來。

毛髮根部的「毛髮基質」不斷分裂，增生形成毛髮的階段稱為「成長期」，頭髮 1 個月約可生長10～20毫米。接下來是「衰退期」，毛髮基質的壽命殆盡，細胞停止分裂，毛髮不再生長。最後來到「休止期」，舊的毛髮慢慢被推擠到皮膚表面，自然脫落。休止期的毛囊（包覆著毛根的部分）內部，會重新開始活動長出新的毛髮。

1 根頭髮的壽命為3～6年，而成長期就長達2～6年，衰退期和休止期僅數個月而已。成人的髮量平均是10萬根，以90%為成長期來計算，每天脫落的頭髮約為100根。不過年紀越大，頭髮的成長期也跟著縮短，較長、較粗的頭髮數量會愈來愈少，因此整體的髮量更顯稀薄。

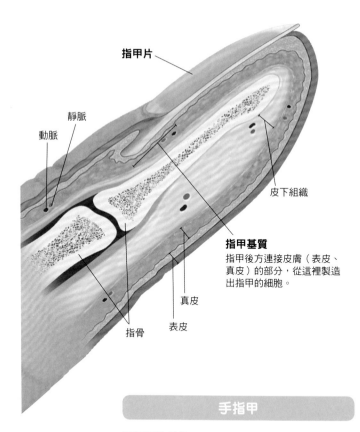

指甲片

靜脈

動脈

皮下組織

指甲基質
指甲後方連接皮膚（表皮、真皮）的部分，從這裡製造出指甲的細胞。

真皮

表皮

指骨

手指甲

從指甲的外觀，可以看出老化及身體的狀態。舉例來說，當指甲出現縱向紋路即為老化的象徵。隨著年紀越大，指甲細胞的生成速度也會依指甲基質中的部位而有不同，因此出現縱紋。

指甲和毛髮

人類的頭髮生長循環

人類的頭髮若不加以修剪就會愈來愈長,因為與衰退期和休止期相比,成長期占了絕大的時間。

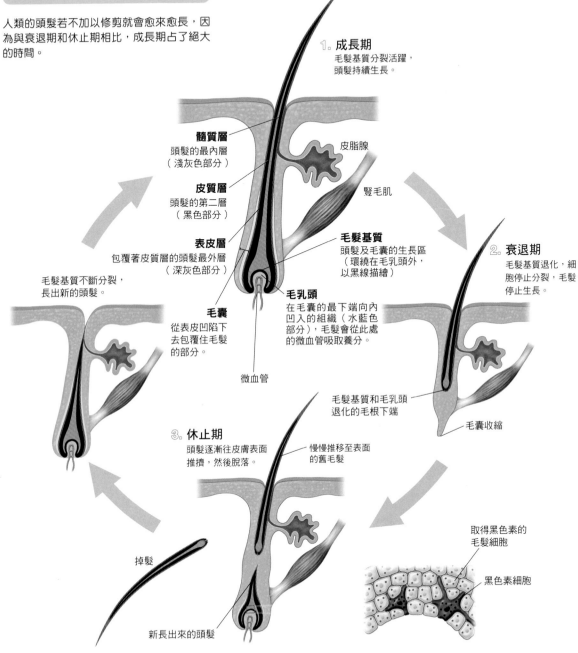

1. 成長期
毛髮基質分裂活躍,頭髮持續生長。

髓質層
頭髮的最內層
(淺灰色部分)

皮質層
頭髮的第二層
(黑色部分)

表皮層
包覆著皮質層的頭髮最外層
(深灰色部分)

毛髮基質不斷分裂,長出新的頭髮。

毛囊
從表皮凹陷下去包覆住毛髮的部分。

皮脂腺

豎毛肌

毛髮基質
頭髮及毛囊的生長區
(環繞在毛乳頭外,以黑線描繪)

毛乳頭
在毛囊的最下端向內凹入的組織(水藍色部分),毛髮會從此處的微血管吸取養分。

微血管

2. 衰退期
毛髮基質退化,細胞停止分裂,毛髮停止生長。

毛髮基質和毛乳頭退化的毛根下端

毛囊收縮

3. 休止期
頭髮逐漸往皮膚表面推擠,然後脫落。

慢慢推移至表面的舊毛髮

掉髮

新長出來的頭髮

取得黑色素的毛髮細胞

黑色素細胞

決定髮色的因子為何?
毛髮基質長出毛髮,會從周圍的「黑色素細胞」取得「黑色素」。而皮質層位於頭髮的第二層,細胞內含有大量的黑色素,黑色的頭髮即由此而來。
當年紀漸增,黑色素細胞的數量減少,合成、供給黑色素的能力衰退,就會長出白頭髮。黑色素細胞是由前驅細胞的色素幹細胞變化而來,但色素幹細胞的數量到了40~60歲時,會只剩20幾歲的一半左右。

表皮的突起和凹溝形成的紋理

「指紋」（fingerprint）是指表皮上線狀的突起和凹溝所形成的皮膚紋理之一。以人類而言，在整個手掌和腳掌都有皮膚紋理。

指紋較常為人所知的功能有如下兩種。第一個是增加皮膚表面的摩擦力，具有止滑效果。指紋的凹凸結構，加上皮膚分泌的汗液，可以提高摩擦力。另一個功能就是提高皮膚感應器（觸覺器官）的敏感度。指紋的凹凸能使觸摸物體時的力量集中在梅斯納氏小體，提高敏感度。此外也有報告指出，當手指劃過物體時，指紋會將皮膚上產生的震動放大，然後傳遞至巴齊尼氏小體。

像大猩猩、黑猩猩、紅毛猩猩等靈長類，在牠們的手掌、腳掌以及手指上都可以看見皮膚紋理。蜘蛛猴類（Ateles）和捲尾猴類（Cebus）等南美洲的猴類，都具有可靈巧抓握物體的尾巴，而在這些尾巴的內側也都有皮膚紋理形成。由此種種推測，會抓握物體的部位，皮膚比較容易形成紋理。

其他動物也有「指紋」

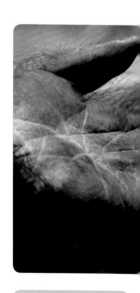

無尾熊

不只是靈長類，無尾熊的手掌、腳掌也都可見皮膚紋理（指紋）的存在。

紅毛猩猩

手掌與人類十分相似。

指紋的內部結構

指紋是由排列在表皮表面的皮脊（skin ridges）和皮溝（skin groove）所形成的紋路。皮脊上有汗液的出口，而下面有兩排並列的真皮突起部位「真皮乳頭」（dermal papilla）。有關梅克爾氏小體與指紋之間的關係目前仍未闡明。

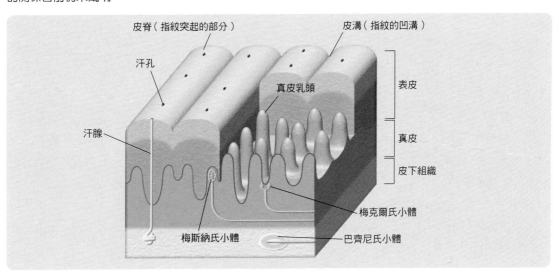

牛

利用鼻紋可識別牛的個體，因此日本在牛隻的戶籍「牛犢登記證明書」上附有鼻紋資料。

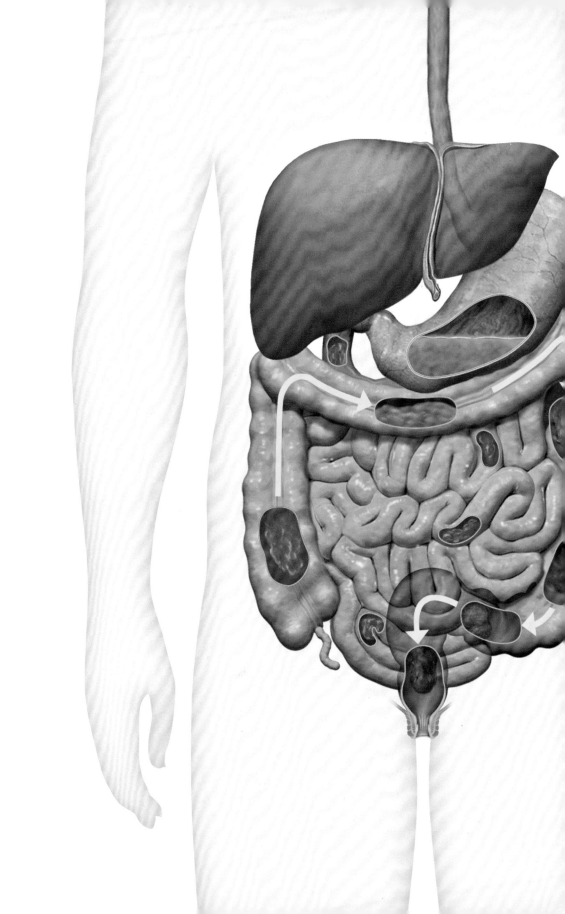

3

維持生命的功能

System for the maintenance of life

呼吸是透過肺部周遭的肌肉來達成

「肺」（lungs）的功能是將維持生命所需的氧送進血液，並將不需要的二氧化碳排出體外。像氣球般隨著空氣的進出而伸縮變化，但肺並無法自行吸入空氣。

吸氣的時候，胸腔（肺所在的胸部空

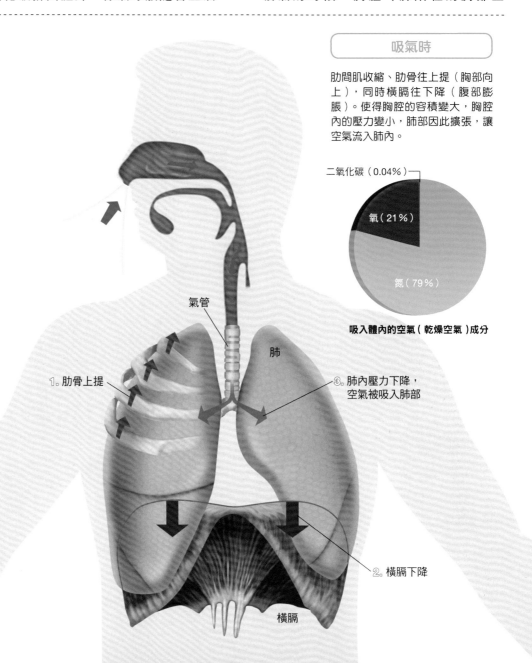

氣管

肺

1. 肋骨上提

3. 肺內壓力下降，空氣被吸入肺部

2. 橫膈下降

橫膈

吸氣時

肋間肌收縮、肋骨往上提（胸部向上），同時橫膈往下降（腹部膨脹）。使得胸腔的容積變大，胸腔內的壓力變小，肺部因此擴張，讓空氣流入肺內。

二氧化碳（0.04％）

氧（21％）

氮（79％）

吸入體內的空氣（乾燥空氣）成分

間）變大，肺部進而擴張；反之，吐氣的時候，靠著肺想恢復原來大小的回縮力量，將空氣擠壓出去。在安靜狀態下，每分鐘的呼吸次數為12～15次，一次呼吸進出的空氣量為500毫升左右。

改變胸腔大小的關鍵在於讓肋骨上下移動的肋間肌，以及區隔胸腔和腹腔的圓頂狀肌肉「橫膈」（又稱橫隔膜）。透過肋骨

（胸部）上下移動的呼吸法稱為「胸式呼吸」，而利用橫膈上下移動的呼吸法稱為「腹式呼吸」。在安靜狀態下大多採用腹式呼吸，若為運動等需要大量空氣的情況，則會採用胸腔快速上下起伏的胸式呼吸。

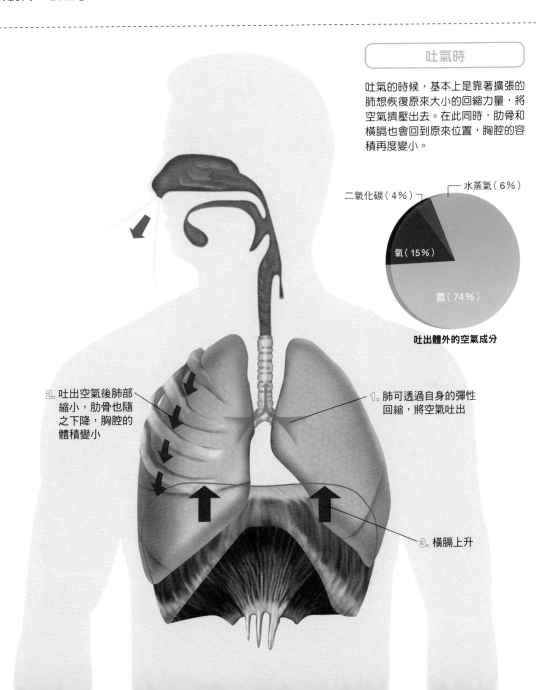

吐氣時

吐氣的時候，基本上是靠著擴張的肺想恢復原來大小的回縮力量，將空氣擠壓出去。在此同時，肋骨和橫膈也會回到原來位置，胸腔的容積再度變小。

二氧化碳（4%）　水蒸氣（6%）

氧（15%）

氮（74%）

吐出體外的空氣成分

2. 吐出空氣後肺部縮小，肋骨也隨之下降，胸腔的體積變小

1. 肺可透過自身的彈性回縮，將空氣吐出

3. 橫膈上升

利用擴散作用在肺泡進行氣體交換

從鼻腔、口腔所吸入的空氣，會經由「氣管」（trachea）進入肺部。氣管是外徑 2 公分長約10公分的管狀器官，為了避免氣管受到擠壓時讓空氣通道變窄，周圍有軟骨增加強度。

氣管在進入肺之前分成左右兩支（支氣管），於肺內再繼續分支為更細小的支氣管，遍及肺部的各個角落。氣管每分支一次就更細一點，經過20多次分支後，直徑約可細至0.1毫米。

支氣管的末端有許多像葡萄串的「肺泡」，為血液吸收氧及排出二氧化碳（氣體交換）的場所。

氣體交換是指利用氣體從高濃度自然流向低濃度的「擴散」性質。血液中的氧消耗掉後，經肺泡壁與外來的空氣接觸，空氣中的氧會再自然地流入血液中（血液中的二氧化碳會排到空氣中）。

右肺　　　　　　　　　　　　　　　左肺

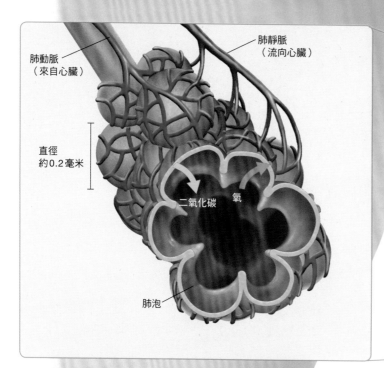

肺動脈
（來自心臟）

肺靜脈
（流向心臟）

直徑
約0.2毫米

二氧化碳　　氧

肺泡

肺泡是進行氣體交換的場所
支氣管的末端，附著許多由「肺泡」組成的小房間。肺泡的直徑約0.2毫米，肺約有85%左右充滿著肺泡。肺泡的表面滿布著微血管，其中的空氣與微血管中的血液有層薄壁相隔，壁厚僅0.0002～0.0006毫米。

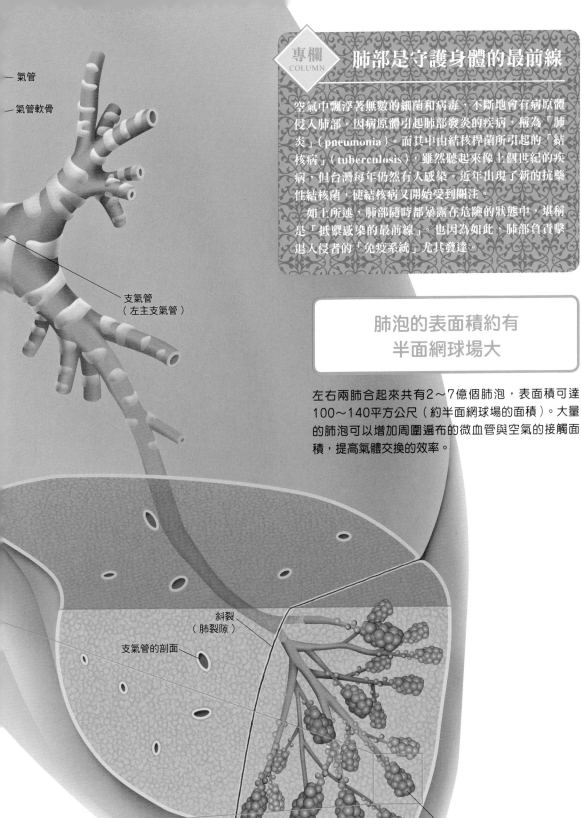

氣管

氣管軟骨

支氣管
（左主支氣管）

斜裂
（肺裂隙）

支氣管的剖面

支氣管的
末端部分

專欄
COLUMN

肺部是守護身體的最前線

空氣中飄浮著無數的細菌和病毒，不斷地會有病原體侵入肺部。因病原體引起肺部發炎的疾病，稱為「肺炎」（pneumonia）。而其中由結核桿菌所引起的「結核病」（tuberculosis），雖然聽起來像上個世紀的疾病，但台灣每年仍然有人感染。近年出現了新的抗藥性結核菌，使結核病又開始受到關注。

如上所述，肺部隨時都暴露在危險的狀態中，堪稱是「抵禦感染的最前線」。也因為如此，肺部負責擊退入侵者的「免疫系統」尤其發達。

肺泡的表面積約有半面網球場大

左右兩肺合起來共有2～7億個肺泡，表面積可達100～140平方公尺（約半面網球場的面積）。大量的肺泡可以增加周圍遍布的微血管與空氣的接觸面積，提高氣體交換的效率。

憋氣暫停呼吸可以止住打嗝？

大家都有過「打嗝」的經驗。雖然多數打嗝都是在數分鐘到 1 小時左右就會停止，但有時也會好幾天都停止不了。順帶一提，打嗝持續最久的世界紀錄是一位打嗝「68年」的美國男性。

所謂打嗝，指的是橫膈以及肋間肌和聲門的痙攣（肌肉劇烈收縮）現象。發生打嗝時，大腦會突然對橫膈以及肋間肌發出使肌肉收縮的訊號。於是在橫膈突然下降的同時，將肋骨往上拉，造成肺部擴張而吸進空氣。幾乎在同時，大腦的訊號也傳遞至做為喉部空氣通道「聲門」的肌肉，使聲門突然關閉，因此便會產生打嗝時獨特的尖細聲音。

每當大腦發出訊號，就會引起一次打嗝。當持續打嗝時，即是代表大腦斷斷續續地每間隔一段時間就發出訊號。發出打嗝訊號的是「延腦」，一般認為對內臟及皮膚等的刺激傳遞至延腦時，延腦便會反射性地發出打嗝的訊號。

二氧化碳能抑制痙攣

其實世界上存有許多治療打嗝的妙方，其中具代表性的有「暫停呼吸」、「從杯子相反方向喝水」等，這些方法的共通點都是「增加血液中二氧化碳的濃度」。因為腦部是訊號的發送源頭，而增加血液中的二氧化碳濃度能抑制腦神經的興奮狀態，有助於停止打嗝等痙攣現象。

「飲用冰水」也是廣為人知的打嗝治療法，這是藉由施予引起打嗝的相同刺激，使大腦習慣來抑制引起打嗝之神經的興奮狀態。

2. 訊號的發送
因各種刺激，使延腦反射性地發出令橫膈、吸氣肋間肌和聲門肌肉收縮的訊號。

1. 打嗝的原因

胃脹氣
因進食太快或飲用碳酸飲料等原因，而使得胃部急劇脹大。

訊號

突然的溫度變化
吃刨冰等冰品或沖冷水澡。

訊號

酒精等
除了酒精之外，吸菸以及突然地興奮或緊張等心理壓力也是原因。

訊號

打嗝持續 2 天以上就該看醫生

即使是身體健康的人也會出現暫時性的打嗝，所以並不需要擔心身體狀況異常。不過，若持續 2 天（48小時）以上的話，就有可能是身體中潛伏著某些疾病，所以最好還是求醫問診。

打嗝是如何發生的？

打嗝是因橫膈及聲門等肌肉發生痙攣的現象，醫學上稱為「呃逆」（singultus）。眾所皆知，胎兒也會打嗝。

坊間流傳著許多廣為人知的治療法（民間療法），有些方法的確有效，但各種方法會因個體差異而效果不同，在醫學上並沒有正規的治療方法。此外，雖然是為了增加血液中的二氧化碳濃度，但以紙袋就口，呼吸自己呼出的氣體等方法具有窒息的危險性，切勿採行。

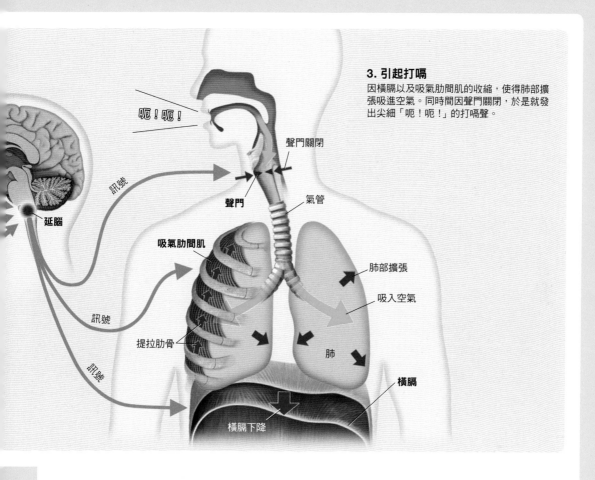

3. 引起打嗝
因橫膈以及吸氣肋間肌的收縮，使得肺部擴張吸進空氣。同時間因聲門關閉，於是就發出尖細「呃！呃！」的打嗝聲。

呃！呃！

聲門關閉

聲門

氣管

訊號

延腦

吸氣肋間肌

訊號

提拉肋骨

訊號

肺部擴張

吸入空氣

肺

橫膈

橫膈下降

治療打嗝的方法（民間療法）範例
●暫停呼吸（憋氣）
●抓住舌頭向外拉
●從杯子相反方向（內側）喝水
●用棉花棒等刺激喉嚨深處
●飲用冷水

●用水漱口
●快速吞下一整湯匙的砂糖
●驚嚇對方
●咬檸檬……等

切勿採行的方法
●拿紙袋就口呼吸（有窒息的危險）
●直接吸入二氧化碳氣體（有失去意識的危險）

血液1分鐘就循環全身一周

「心臟」就像是血液循環系統中的幫浦（水泵）。在安靜狀態下，心臟每分鐘約輸出5公升的血液，與全身的血液量相當。換言之，從心臟輸出的血液，約1分鐘循環全身一周後，會再返回心臟。在持續不間斷的運作下，血液的輸出量一天大約為7200公升（36個油桶），一生（約80年）總計輸出20萬立方公尺（100座50公尺游泳池）的血液。

心臟內部由四個腔室組成。「右心房」和「右心室」（右心系統，插圖左側），負責將循流全身後返回心臟的血液運送至肺；「左心房」和「左心室」（左心系統，插圖右側），負責將從肺回流的血液運送至全身。而由於肺就在心臟的兩旁，所以右心室送出血液時並不需要那麼強大的力量，相較之下，左心室得將血液傳送至頭頂和腳尖，就需要較強大的力道。

複雜的8條血管出入心臟

插圖是從前方角度看過去的心臟剖面圖。含氧量多的動脈血，輸送血管以紅色標示；氧少的靜脈血，輸送血管以藍色標示。此外，心臟內的血流方向以箭頭標示。

心臟四個腔室的出口都有防止血液逆流的瓣膜，僅在各腔室送回血液的時候開啟，在送出血液之後可防止血液逆流。

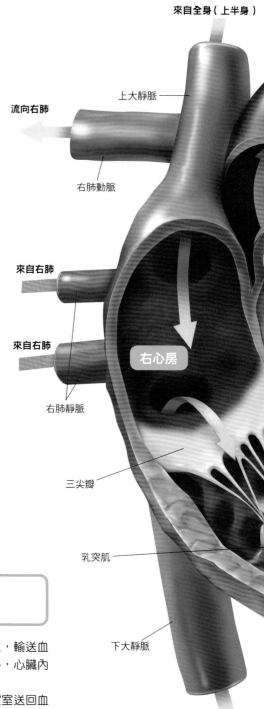

升主動脈

來自全身（上半身）

上大靜脈

流向右肺

右肺動脈

來自右肺

來自右肺

右肺靜脈

右心房

三尖瓣

乳突肌

下大靜脈

來自全身（下半身）

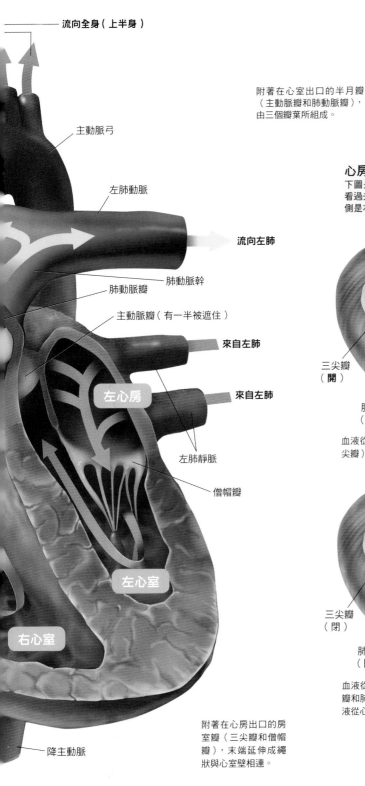

流向全身（上半身）

主動脈弓

左肺動脈

流向左肺

肺動脈幹

肺動脈瓣

主動脈瓣（有一半被遮住）

來自左肺

左心房

來自左肺

左肺靜脈

僧帽瓣

左心室

右心室

降主動脈

附著在心房出口的房
室瓣（三尖瓣和僧帽
瓣），末端延伸成繩
狀與心室壁相連。

流向全身（下半身）

附著在心室出口的半月瓣
（主動脈瓣和肺動脈瓣），
由三個瓣葉所組成。

心房與心室的瓣膜會交替開關

下圖是省略掉心房、主動脈和肺動脈，從心臟上方
看過去的心室。圖的下方是前側（腹側），虛線的左
側是右心室、右側是左心室。

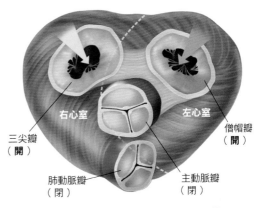

右心室

左心室

三尖瓣
（開）

僧帽瓣
（開）

肺動脈瓣
（閉）

主動脈瓣
（閉）

血液從心房流入心室，左右心房的瓣膜（僧帽瓣和三
尖瓣）呈現開啟的狀態。

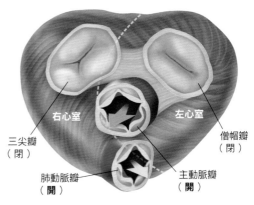

右心室

左心室

三尖瓣
（閉）

僧帽瓣
（閉）

肺動脈瓣
（開）

主動脈瓣
（開）

血液從心室送至全身和肺，左右心室的瓣膜（主動脈
瓣和肺動脈瓣）呈現開啟的狀態。此時，為了防止血
液從心室逆流至心房，心房的瓣膜處於關閉的狀態。

心臟的「噗通噗通」聲是瓣膜開關發出的聲音

心臟每分鐘跳動的次數（心跳速率）通常為60～80次，也就是說以每秒1次的節奏跳動。

耳朵貼近身體時可以聽到「噗通噗通」的心臟跳動聲（心音），是瓣膜打開和關閉時發出的聲音。心音可再細分成四種聲音，其中聲音最大的是「Ⅰ音（第1心音）」和「Ⅱ音（第2心音）」。Ⅰ音是心房瓣膜（房室瓣）關閉的聲音，Ⅱ音是心室瓣膜（半月瓣）關閉的聲音。Ⅰ音的音調比Ⅱ音略低，但較強而有力。

若心臟瓣膜無法緊密閉合、通道變窄，血液便會形成逆流或漩渦，並且出現「嗶嗶」、「咕嘟咕嘟」之類的雜音。醫生將聽診器放在患者胸部聆聽心音的理由之一，就是為了辨別心雜音以判斷瓣膜有無異常。

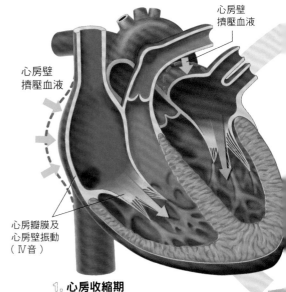

心房壁
擠壓血液

心房壁
擠壓血液

心房瓣膜及
心房壁振動
（Ⅳ音）

1. 心房收縮期
心房肌肉收縮，血液流向心室。

心臟的搏動具有一定的規律性

右圖為1次心跳週期的各階段示意圖。經由規律地反覆進行這五個階段，才能穩定地將血液打出去。此外，心臟能夠規律地收縮跳動，是因為由特化的心肌細胞所構成的「刺激傳導系統」，可以發出電訊號傳導至整個心臟，並刺激心臟以協調的方式收縮運作。

心音的強弱變化

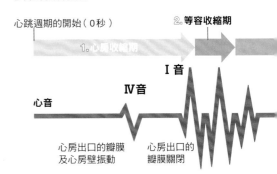

心跳週期的開始（0秒）

2. 等容收縮期

1. 心房收縮期

Ⅰ音

Ⅳ音

心音

心房出口的瓣膜
及心房壁振動

心房出口的
瓣膜關閉

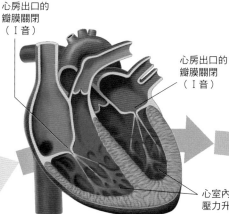

心房出口的
瓣膜關閉
（Ⅰ音）

心房出口的
瓣膜關閉
（Ⅰ音）

心室內的
壓力升高

2. 等容收縮期
心室壁開始收縮，心室內的血液壓力升高，使心房出口的瓣膜關閉。不過，此時心室的容積並沒有改變。

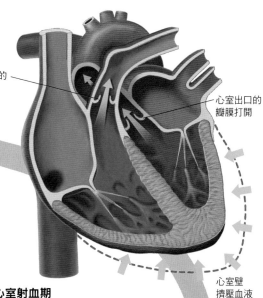

心室出口的
瓣膜打開

心室出口的
瓣膜打開

心室壁
擠壓血液

3. 心室射血期
心室壁收縮，血液自心臟向外射出。

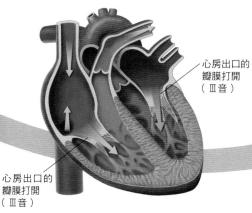

心房出口的
瓣膜打開
（Ⅲ音）

心房出口的
瓣膜打開
（Ⅲ音）

5. 心室充盈期
心房出口的瓣膜打開，血液慢慢流入心室。

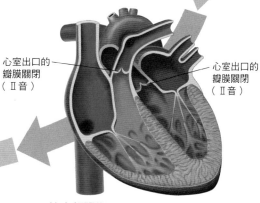

心室出口的
瓣膜關閉
（Ⅱ音）

心室出口的
瓣膜關閉
（Ⅱ音）

4. 等容舒張期
心室肌肉開始舒張，心室內的壓力降低，使得心室出口的瓣膜關閉。此時，心室的容積並沒有改變。

心跳週期的結束（約1秒）

3. 心室射血期	4. 等容舒張期	5. 心室充盈期

Ⅱ音

Ⅲ音

心室出口的
瓣膜關閉

心房出口的
瓣膜打開

頂尖運動員的心跳速率 每分鐘不到40次

血 液的供給量會隨著身體的狀態而大幅變化。例如劇烈運動時，每分鐘從心臟送出的血液量是安靜時的 7 倍（最多可達35公升）。而且，血液會優先分配給需要大量氧的肌肉，供給量甚至比安靜狀態多30倍。

在日積月累的訓練下，可以讓心臟在運動時輸出較多的血液。由於每次心跳送出的血液量增加，所以安靜狀態下的心跳速率，會遠比一般人來得低。若為頂尖運動員，心跳速率每分鐘甚至還不到40次。

運動員的肌肉發達，因此心臟較為肥大，這類型的心臟又被稱為「運動型心臟」。而高血壓患者的心臟為了對抗較高的血壓，必須更用力推送血液，也有心臟肥大的現象。雖然一樣是心臟肥大，但運動型心臟完全沒有健康上的疑慮。

上大靜脈

肺動脈

主動脈

流向肺（100%）
每分鐘約 5 公升

流向全身（95%）
每分鐘約4.8公升

冠狀動脈

心臟（5%）
每分鐘約0.3公升

下大靜脈

肺靜脈

血液供給的順位（安靜時）

在安靜狀態下，腎臟是從心臟獲得最多血液的單一器官。每分鐘由左心室輸出的血液（5 公升）中，約有23%分配給了腎臟。

另一方面，供應血液給肝臟的路徑有兩條（請參照第143頁），一條是由心臟直接流入的路徑（肝固有動脈），一條是經由胃腸流入的路徑（肝門靜脈）。合計約占心臟輸出血液量的28%，因此也可以說肝臟才是獲得最多血液的器官。

肺（100%）
每分鐘約 5 公升

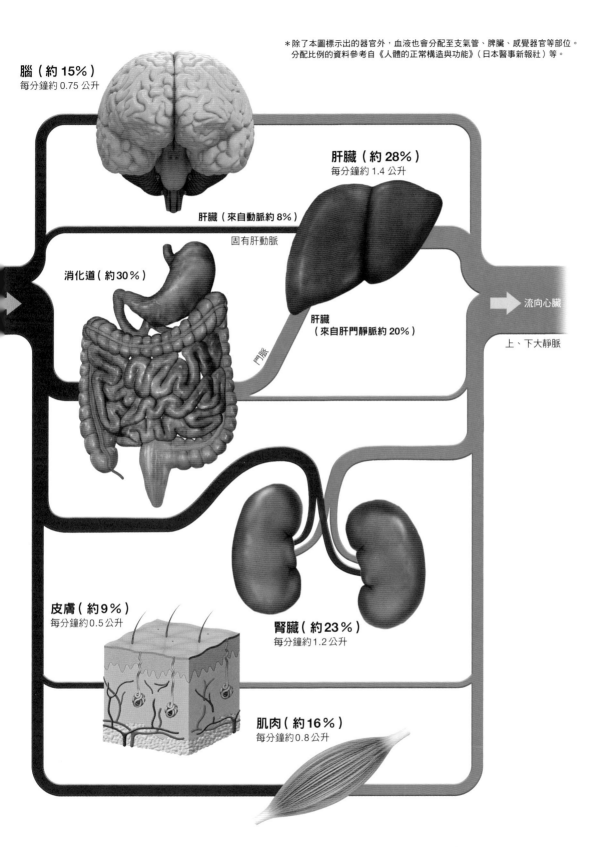

＊除了本圖標示出的器官外，血液也會分配至支氣管、脾臟、感覺器官等部位。
分配比例的資料參考自《人體的正常構造與功能》（日本醫事新報社）等。

腦（約 15%）
每分鐘約 0.75 公升

肝臟（約 28%）
每分鐘約 1.4 公升

肝臟（來自動脈約 8%）

固有肝動脈

消化道（約30%）

肝臟
（來自肝門靜脈約 20%）

門脈

流向心臟

上、下大靜脈

皮膚（約9%）
每分鐘約0.5公升

腎臟（約23%）
每分鐘約1.2公升

肌肉（約16%）
每分鐘約0.8公升

調節體內水量及其組成的器官

「腎」臟」（kidney）是外形像蠶豆一樣、大小如拳頭般的器官，每分鐘約有1.2公升（1天約1700公升）的血液從心臟流入腎臟。腎臟過濾大量的血液後，收集其中的老舊廢物及多餘的水分，並形成尿液。

腎臟中由直徑約0.2毫米的「腎小體」（renal corpuscle）負責過濾血液的工作，血液經腎小體過濾後，會成為尿液的原料「原尿」。然而原尿中含有大量人體所需的水分和成分（糖和胺基酸等），因此必須再次吸收其中的所需物質，將其濃縮成尿液。最後排出體外的尿液，其實還不到所過濾血液量的0.1%（1.5公升）。

構成人體的基本要素中，含量最多的成分是水，約占成年男性體重的60%，成年女性的55%。腎臟的功能就是調節並穩定維持體內的水量及其組成（血液的鹽分濃度和酸鹼值平衡等）。

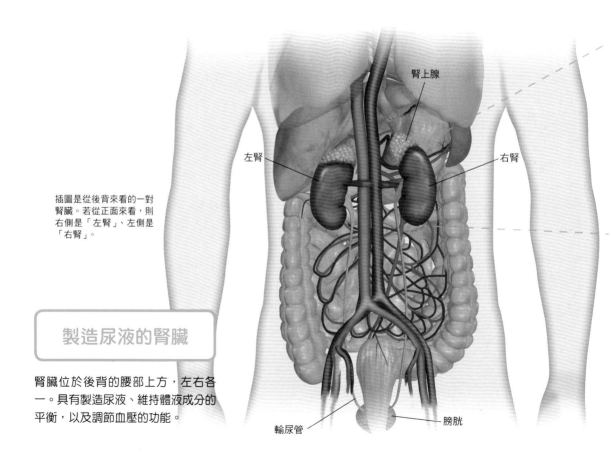

插圖是從後背來看的一對腎臟。若從正面來看，則右側是「左腎」、左側是「右腎」。

腎上腺

左腎

右腎

製造尿液的腎臟

腎臟位於後背的腰部上方，左右各一。具有製造尿液、維持體液成分的平衡，以及調節血壓的功能。

輸尿管

膀胱

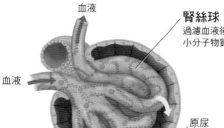

腎絲球
過濾血液後，多餘的水分和
小分子物質會形成原尿。

血液

血液

流向心臟

血流方向

原尿

腎小體

為直徑約0.2毫米的小組織，
左右腎臟合計約有200萬個。

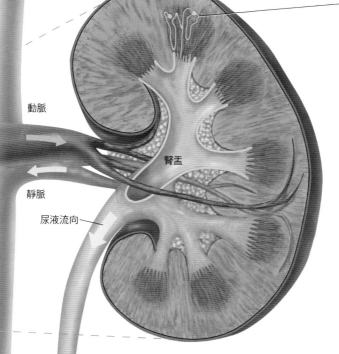

腎小管
將99%的原尿再次吸收，並
濃縮成尿液。尿約有98%是
水，剩下的2%是分解蛋白質
後產生的老舊廢物「尿素」，
以及微量的激素、維生素。

動脈

腎盂

靜脈

尿液流向

腎功能一旦變差（腎衰竭），就會
引起高血壓。若慢性腎衰竭持續惡
化，無法恢復腎臟的功能，就必須
藉由血液透析裝置來過濾、清除血
液中的老舊廢物，或是移植他人的
腎臟。

右
輸
尿
管

↓
流向膀胱

專欄
COLUMN

為何尿液是黃色的？

尿液的顏色（淡黃色）是來自老舊紅血球分解後所產生的色
素「尿膽素」（urobilin）。排出體外的尿膽素含量是一定
的，尿量較多的時候尿液顏色會變淡，反之則變深。或者攝
取維生素錠劑中的維生素B₂時，因有部分沒有分解而排放到
尿液中，尿液顏色也會變成深黃色。

腎臟製造出尿液後暫時儲存的場所

「膀胱」位於下腹部,是具伸縮性的袋狀器官。以成人男性為例,尿液排空時的膀胱上部是扁縮狀的,高約3～4公分;儲滿時則膨脹成圓球狀,直徑約10公分(容量約500毫升)。

一般來說尿液累積到膀胱容量的一半時,就會產生尿意。當尿液排空時,膀胱壁的厚度為10～15毫米,當尿液儲滿、膀胱脹大後,厚度會只剩下3毫米左右。大腦藉由感受膀胱壁的厚度,得知膀胱內儲存多少尿液。以成人男性為例,若憋尿到極限,尿液能積存到700毫升左右,但膀胱壁過度擴張的話會感到疼痛。

尿床(夜尿症)也是很常見的排尿問題,小孩子尿床可能是對尿液的感知能力較低,或睡前沒有將積存的尿液排空所致。

附有「儲水量感知器」的儲存袋

右頁插圖為女性的膀胱。相較於男性約500毫升的膀胱容量,由於女性的膀胱上方空間就是子宮,所以容量只有400毫升左右。當尿液越積越多,膀胱內部的壓力升高,膀胱壁便逐漸變薄。此時膀胱壁內的輸尿管會因被壓扁而閉合,可防止尿液回流至腎臟。

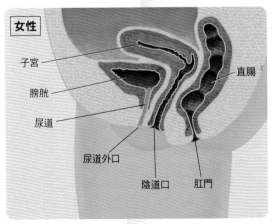
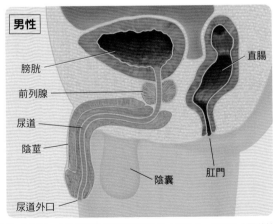

女性

子宮
膀胱
尿道
尿道外口
陰道口　肛門
直腸

男性

膀胱
前列腺
尿道
陰莖
陰囊
尿道外口
直腸
肛門

上圖是男女的下腹部剖面圖。由於生殖器結構不同,膀胱大小和尿道長短也各異。女性的尿道長度只有男性的4分之1,且出口(尿道外口)離肛門很近,容易因細菌入侵而罹患膀胱炎。

膀胱

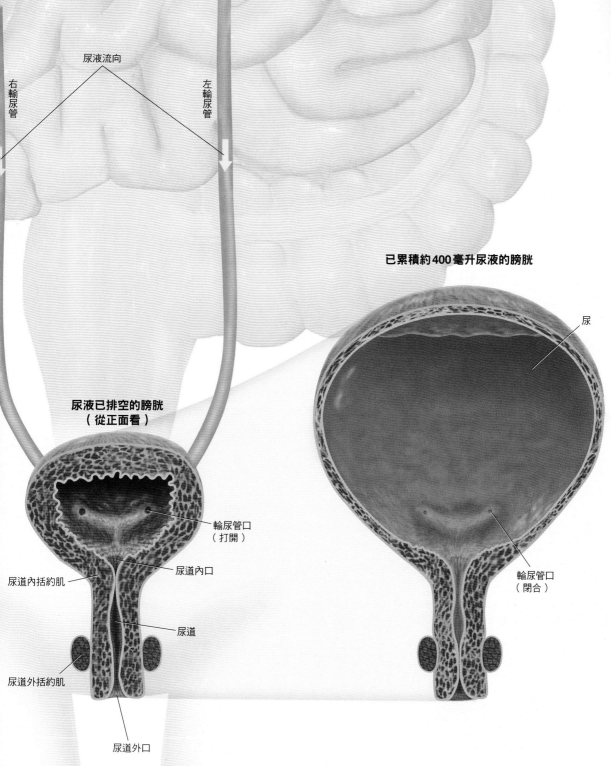

尿液流向

右輸尿管

左輸尿管

已累積約400毫升尿液的膀胱

尿

尿液已排空的膀胱
（從正面看）

輸尿管口
（打開）

尿道內口

尿道內括約肌

尿道

尿道外括約肌

輸尿管口
（閉合）

尿道外口

括約肌

關閉膀胱出口的肌肉有兩處。離膀胱較近的括約肌（尿道內括約肌）無法自己控制，只要尿液累積到一定的量就會自動放鬆打開。而位於體外的括約肌（尿道外括約肌）則可透過自己的意識控制，必要時能暫時憋尿。

121

食物會在體內轉換為能夠吸收的狀態及物質

入口的食物從通過體內的消化道到形成糞便在廁所排出體外的時候，顏色和外形早已完全改變。食物必須歷經口腔到肛門全長約 9 公尺，費時超過20個小時的「消化旅程」。

所謂「消化」，是指經由器官的運作和消化液引起的化學反應，讓食物分解成身體能夠吸收的狀態及物質。透過消化和吸收營養的過程，我們才能獲取能量供應身體活動，並維持身體組成所需。

此外，因為酒精和藥物可直接由胃、小腸的黏膜吸收，不需要經過消化，所以喝酒之後不用30分鐘就會醉酒，或是吃藥立刻會浮現出藥效都是這個緣故。而隨著時間經過會慢慢地酒醒、逐漸失去藥效，則是酒精和藥物的成分在經由血流進入肝臟後，就會開始分解所致。

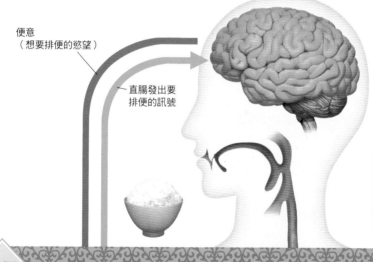

便意
（想要排便的慾望）

直腸發出要
排便的訊號

從嘴巴吃進體內的食物，會在通過消化道時進行分解和吸收。之後，在大腸往肛門方向推進的期間繼續吸收水分，剩下的食物殘渣則形成糞便。

専欄
COLUMN ◆ 在工作或唸書前吃「飯糰」比較好？

糖是能量的來源，種類繁多。例如餅乾、蛋糕中會使用到的砂糖（蔗糖），就屬於「雙醣」。所謂雙醣，指的是由兩個「單醣」分子結合而成的醣類。米飯（澱粉）則屬於由多個單醣分子結合而成的「多醣」。

單醣是醣類分子最基本的單位。所有的醣類都必須分解成單醣後才能被身體吸收。換句話說，多醣食物得花較長的時間吸收，因此才會說「吃飯糰比較有飽足感（可長時間作為能量的來源）」。而且多醣食物可讓血糖上升的速度趨緩，吃完也比較不會想睡覺。

食物在未分解的狀態下無法利用

人會進行消化作用是因為食物中的營養成分（分子）體積過大，無法為人體吸收。因此必須經過口腔、胃、小腸等器官，以及各種消化液的作用下分解成小分子，轉換為容易被吸收的狀態及物質。

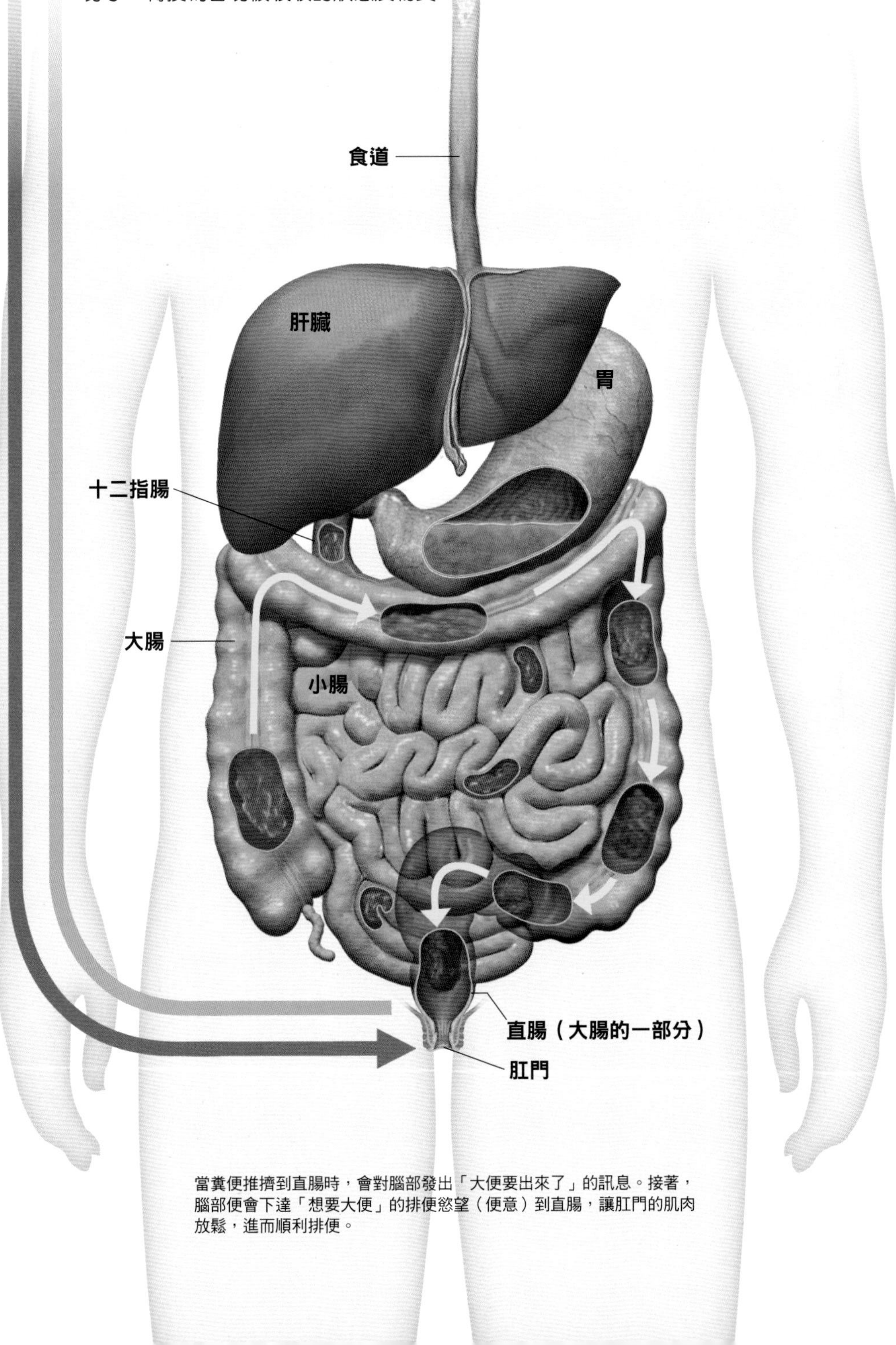

食道

肝臟

胃

十二指腸

大腸

小腸

直腸（大腸的一部分）

肛門

當糞便推擠到直腸時，會對腦部發出「大便要出來了」的訊息。接著，腦部便會下達「想要大便」的排便慾望（便意）到直腸，讓肛門的肌肉放鬆，進而順利排便。

唾液是口腔分泌的消化液

「唾液」（saliva）1 天約分泌 1～1.5 公升，量的多寡並不固定，在進食的時候會分泌比較多。

唾液是由位於兩側耳下、舌頭下方等處的「唾腺」（salivary gland）器官所製造。從唾腺分泌出來的唾液，會從臉頰的內側和口腔的底部排出到口中。當牙齒咬斷、磨碎的食物與唾液混合後，食物會變軟，也更容易通過連接喉嚨與胃部的食道。

唾液分泌的多寡，依食物味道有明顯的差異。吃到酸味食物時會有大量的唾液流出，這是為了保護牙齒和口腔黏膜避免牙齒表面受到酸性物質腐蝕。嚐到鮮味食物時唾液會持續性分泌，但是吃到甜味食物時分泌量則不多。

若在輕鬆的狀態下用餐，大腦會下達分泌清澈唾液的指令；若處於緊張的狀態，唾液總量減少的同時，蛋白質（黏蛋白）的分泌量就會增加。

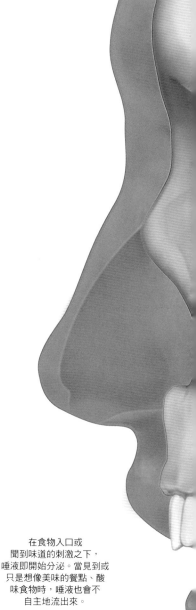

在食物入口或聞到味道的刺激之下，唾液即開始分泌。當見到或只是想像美味的餐點、酸味食物時，唾液也會不自主地流出來。

具有多種功能的唾液

唾液的作用除了「增加口腔動作的順暢度，讓說話更輕鬆」、「洗掉齒縫間的食物殘渣，防止細菌繁殖、維持口腔清潔」外，還有其他許多功能。

舌下腺

製造黏蛋白含量較多的「黏稠」唾液，分泌量僅占整體的 5%。

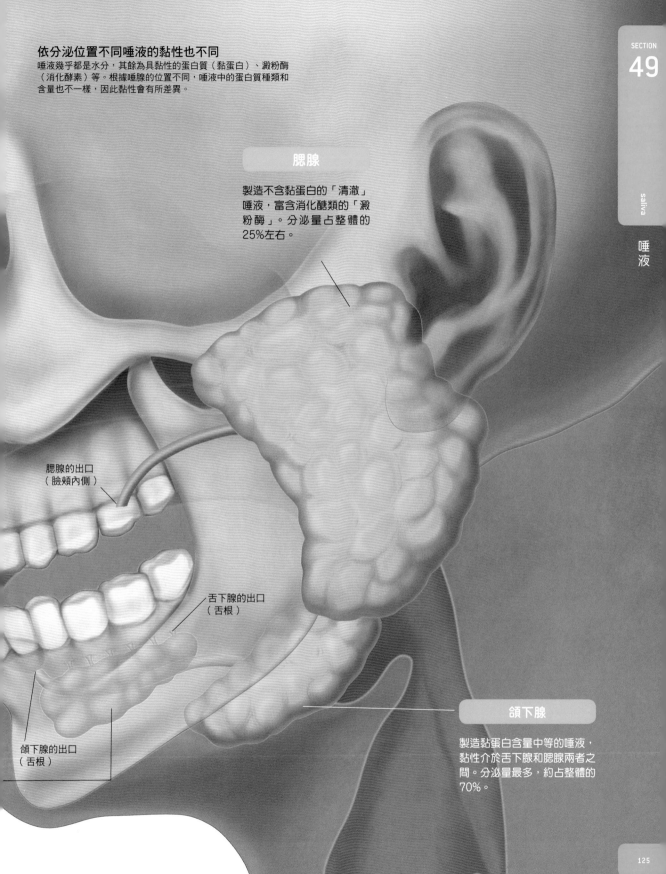

依分泌位置不同唾液的黏性也不同

唾液幾乎都是水分，其餘為具黏性的蛋白質（黏蛋白）、澱粉酶（消化酵素）等。根據唾腺的位置不同，唾液中的蛋白質種類和含量也不一樣，因此黏性會有所差異。

腮腺

製造不含黏蛋白的「清澈」唾液，富含消化醣類的「澱粉酶」。分泌量占整體的25%左右。

腮腺的出口
（臉頰內側）

舌下腺的出口
（舌根）

頜下腺的出口
（舌根）

頜下腺

製造黏蛋白含量中等的唾液，黏性介於舌下腺和腮腺兩者之間。分泌量最多，約占整體的70%。

咬碎的食物經由一連串的動作吞嚥下去

包　含人類在內的哺乳類，都擁有各種形狀的「牙齒」。與大猩猩等類人猿相比，人類的犬齒較不突出，牙齒排列也不像類人猿的U字型，而是呈放射狀，這是在演化過程中人類牙齒的磨碎功能已有所退化。口腔最深處的「智齒」（第三大臼齒）就是其中一例，有的人甚至一輩子都不會長出智齒。

食物要入口時，我們會先以上嘴唇或舌頭觸碰食物，偵測出適當的一口大小，再用門牙（門齒和犬齒）咬斷。若為較硬的食物，則移到後牙（臼齒）磨碎。

要吞下食物時，通常會在不到1秒的時間內，依照肌肉、骨骼決定好的順序執行動作（吞嚥）。吞嚥就像日式庭園以竹子製成的「添水」接水然後倒水，是反射性的動作。其實在大口咀嚼的時候，食物的團塊就會慢慢送到喉嚨的後方。當累積到一定的程度後，才一口氣吞嚥下去。

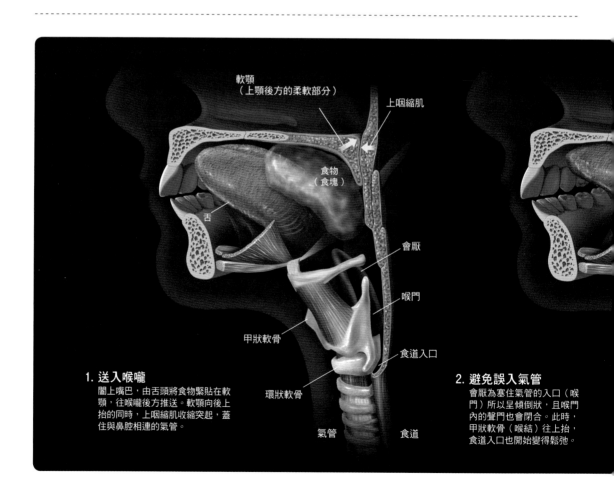

軟顎
（上顎後方的柔軟部分）

上咽縮肌

食物
（食塊）

舌

會厭

喉門

甲狀軟骨

食道入口

環狀軟骨

氣管　　　食道

1. 送入喉嚨
闔上嘴巴，由舌頭將食物緊貼在軟顎，往喉嚨後方推送。軟顎向後上抬的同時，上咽縮肌收縮突起，蓋住與鼻腔相連的氣管。

2. 避免誤入氣管
會厭為塞住氣管的入口（喉門）所以呈傾倒狀，且喉門內的聲門也會閉合。此時，甲狀軟骨（喉結）往上抬，食道入口也開始變得鬆弛。

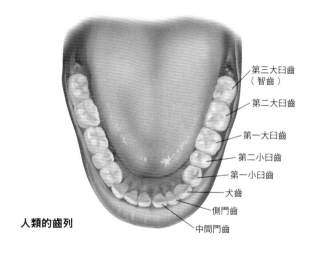

第三大臼齒
（智齒）
第二大臼齒
第一大臼齒
第二小臼齒
第一小臼齒
犬齒
側門齒
中間門齒

人類的齒列

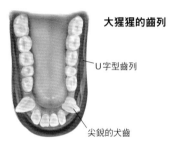

大猩猩的齒列

U字型齒列

尖銳的犬齒

成人的恆齒，為前牙3顆（門齒、犬齒）加後牙5顆（小臼齒、大臼齒），上下左右共4組，合計32顆。不過最後方的第三大臼齒（智齒）則因人而異，不一定會長出來。

吞嚥食物的機制（下圖）

吞嚥時一起動作的地方很多，這裡僅表示主要的部位，連同較小的部位算在內的話，牽涉到25種以上的肌肉。

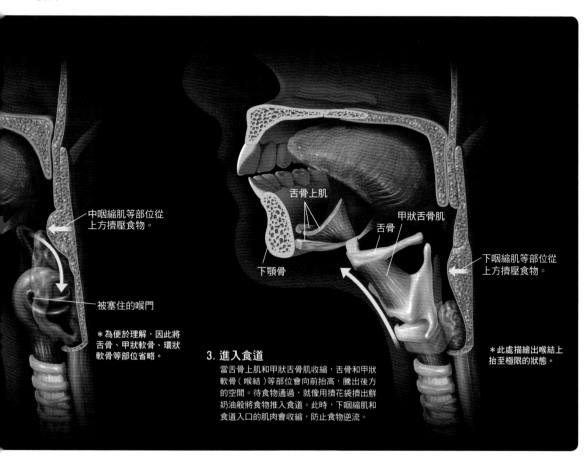

中咽縮肌等部位從上方擠壓食物。

被塞住的喉門

＊為便於理解，因此將舌骨、甲狀軟骨、環狀軟骨等部位省略。

舌骨上肌

甲狀舌骨肌

舌骨

下顎骨

下咽縮肌等部位從上方擠壓食物。

＊此處描繪出喉結上抬至極限的狀態。

3. 進入食道

當舌骨上肌和甲狀舌骨肌收縮，舌骨和甲狀軟骨（喉結）等部位會向前抬高，騰出後方的空間。待食物通過，就像用擠花袋擠出鮮奶油般將食物推入食道。此時，下咽縮肌和食道入口的肌肉會收縮，防止食物逆流。

吞下的食物會經由食道進入胃部

食物吞下後，就接著進入喉嚨深處的「食道」（esophagus）。食道的功能是將吞嚥的食物一路往下送至胃部。食物在食道內的推進速度每秒約 4 公分，所以食物吞下 6 秒後就會抵達胃部。

食道就如從軟管擠出牙膏一般，藉由肌肉收縮（蠕動）將水或食物送至胃部。就算倒立或處於無重力空間，吞下的食物仍然會通過食道抵達胃部。

喉嚨裡的食道和氣管是相連的，氣管即運送空氣至肺部的管子（請參照第108頁）。食道的入口平時皆由環咽肌（環繞著食道的肌肉）維持在關閉的狀態，但在吞下食物時，氣管的入口會暫時封閉，而食道入口則打開。透過這個機制，可讓人體避免液體或固體食物進入氣管（肺）。

食道的出口也只有食物通過時才會開啟，平時皆為關閉的狀態。若食道的出口無法順利關閉，會使胃液逆流至食道而引起發炎，稱為「逆流性食道炎」。由於胃液屬於強酸性，會導致食道壁糜爛及發炎。

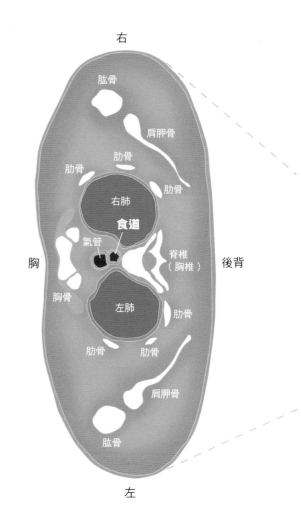

右

肱骨

肩胛骨

肋骨

肋骨

肋骨

右肺

食道

氣管

脊椎
（胸椎）

後背

胸

胸骨

左肺

肋骨

肋骨

肋骨

肩胛骨

肱骨

左

食道等消化道的管壁，皆由內側的「黏膜」層及外側的肌肉層所組成。黏膜為表面覆蓋著黏液的軟組織，具有製造分泌消化液以及吸收養分的作用。

食道幾乎位於身軀的正中央

食道是條外徑約 2 公分、長25公分，壁厚 4 毫米左右的管狀器官。當吃到冰涼或熱騰騰的食物，也許會有食物靠近胸腔表面通過的感覺，但其實食道的位置在身體更深處。

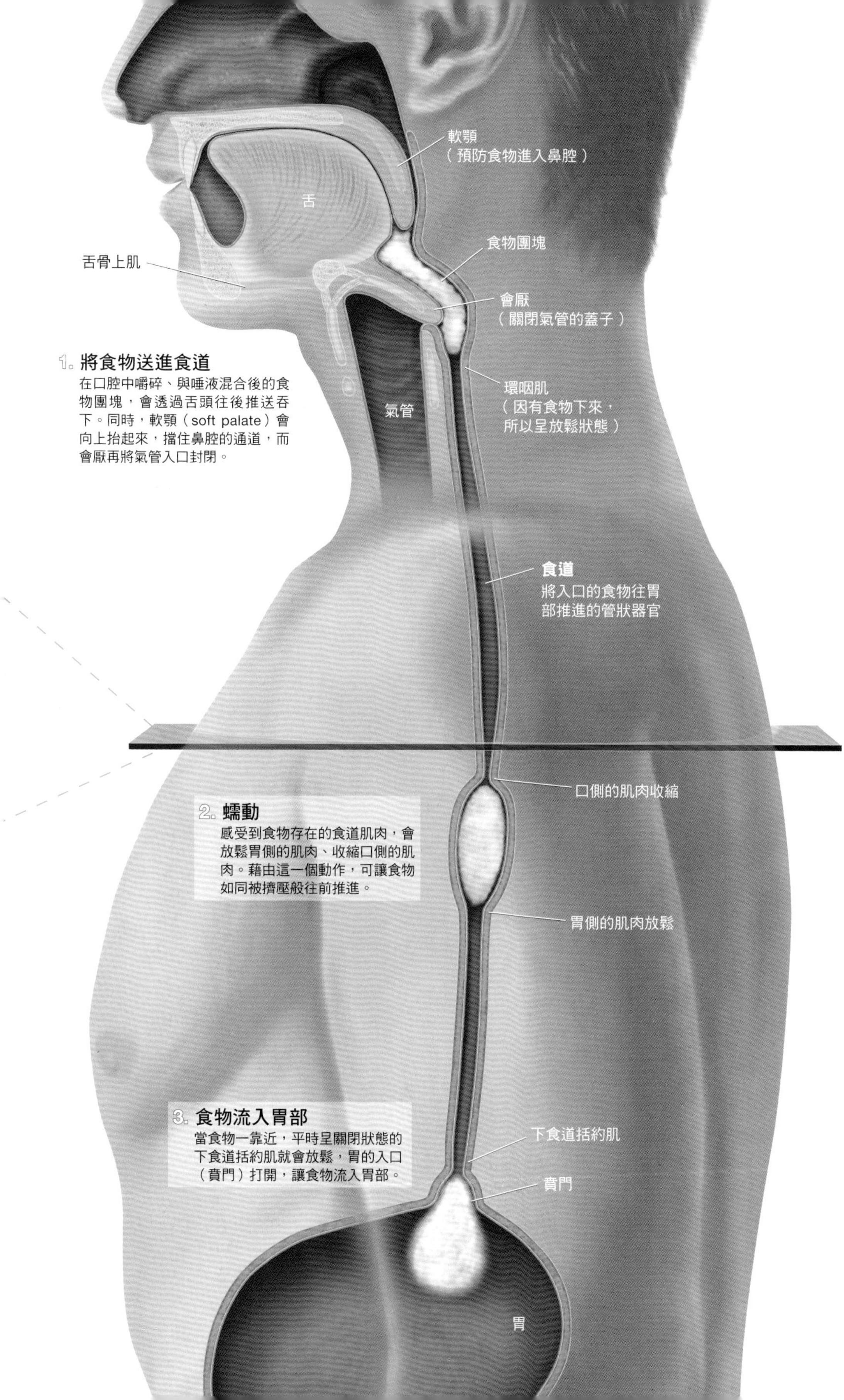

軟顎
（預防食物進入鼻腔）

舌

食物團塊

舌骨上肌

會厭
（關閉氣管的蓋子）

1. 將食物送進食道
在口腔中嚼碎、與唾液混合後的食物團塊，會透過舌頭往後推送吞下。同時，軟顎（soft palate）會向上抬起來，擋住鼻腔的通道，而會厭再將氣管入口封閉。

環咽肌
（因有食物下來，所以呈放鬆狀態）

氣管

食道
將入口的食物往胃部推進的管狀器官

口側的肌肉收縮

2. 蠕動
感受到食物存在的食道肌肉，會放鬆胃側的肌肉、收縮口側的肌肉。藉由這一個動作，可讓食物如同被擠壓般往前推進。

胃側的肌肉放鬆

3. 食物流入胃部
當食物一靠近，平時呈關閉狀態的下食道括約肌就會放鬆，胃的入口（賁門）打開，讓食物流入胃部。

下食道括約肌

賁門

胃

胃將食物殺菌
並暫時儲存

將口中與唾液混合過的食物吐出來，放在炎熱夏天的室溫下，不用幾個小時就會腐敗。人的體內溫度約37℃，吃進去我們肚子的食物卻不會腐敗，是因為「胃」裡面會對食物進行殺菌。而腐敗指的是細菌分解食物的現象，只要殺死細菌就不會引起腐敗了。送至胃部的食物，與強酸性液體的胃液混合後即可達到殺菌的效果。

除了殺菌以外，胃還有暫時儲存食物、慢慢送進小腸的功能。胃是由具有伸縮性的肌肉壁所構成的囊袋，空腹時呈萎縮細長狀，食物進來後就會撐大。成人男性的胃容量膨脹後約1.4公升，成人女性則約1.3公升。

胃壁會透過肌肉收縮產生蠕動，促使胃內食物與胃液充分混合。由於胃黏膜為皺褶狀，所以胃黏膜亦有磨碎食物的功能。變成黏稠粥狀的內容物，會經由蠕動慢慢推送至小腸。

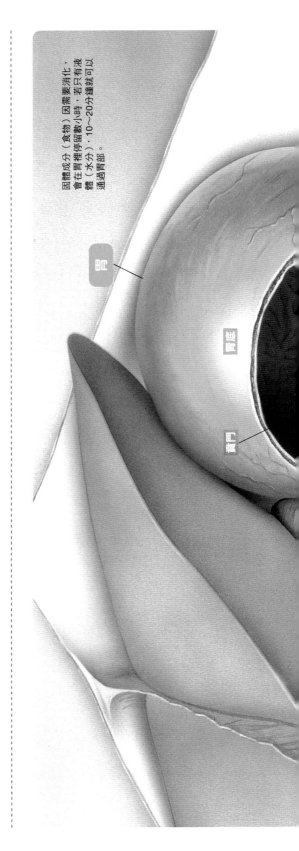

固體成分（食物）因需要消化，會在胃裡積留數小時，若只有液體（水分），10～20分鐘就可以通過胃部。

胃

胃底

賁門

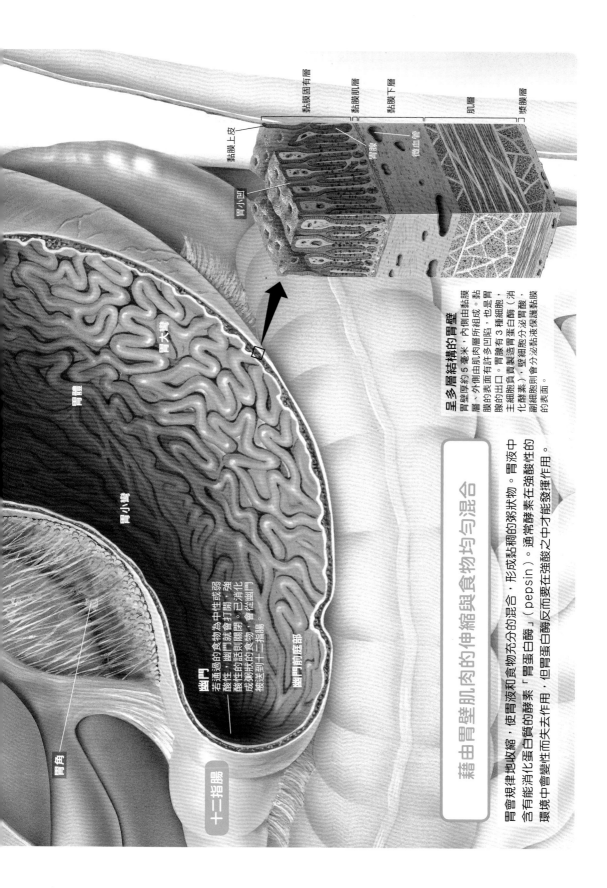

呈多區結構的胃壁

胃壁厚約 5 毫米，內側由黏膜層、外側由肌肉層所組成。黏膜的表面有許多凹陷，是胃腺的出口。胃腺有 3 種細胞，主細胞負責製造胃蛋白酶（消化酵素），壁細胞分泌胃酸，副細胞則會分泌黏液保護黏膜的表面。

藉由胃壁肌肉的伸縮與食物均勻混合

胃會規律地收縮，使胃液和食物充分的混合，形成黏稠的粥狀物。胃液中含有能消化蛋白質的酵素「胃蛋白酶」（pepsin）。通常胃蛋白酶在強酸性的環境中會變性而失去作用，但胃蛋白酶反而要在強酸性之中才能發揮作用。

幽門

若通過的食物為中性或弱酸性，幽門就會打開；強酸性的話則關閉。已消化成粥狀的食物，會從幽門被送到十二指腸。

黏膜固有層　黏膜肌層　黏膜下層　肌層　漿膜層

黏膜上皮　胃腺　微血管

胃小凹

胃體　胃大彎　胃小彎

幽門前庭部

十二指腸　胃角

真正的消化從十二指腸開始

在胃中已成為粥狀的食物，接下來會被送到「十二指腸」。十二指腸為小腸的一部分，是條外徑4～6公分，長約25公分的管子。它的厚度大約2毫米，內壁上有許多皺褶。十二指腸是由於長度相當於12根手指的寬度而得名。

十二指腸緊鄰製造消化液胰液的「胰臟」。胰液中含有多種消化酵素，能將醣類、蛋白質、脂質（三大營養素：請參照第144頁）完全分解，是消化系統中最重要的消化液。胰臟所分泌的胰液，會經由胰管送至十二指腸。

此外，由肝臟製造而儲存於膽囊的膽汁，也會排放到十二指腸中。膽汁可將不溶於水的脂質分解成細小微粒（乳化），使消化酵素更容易運作。

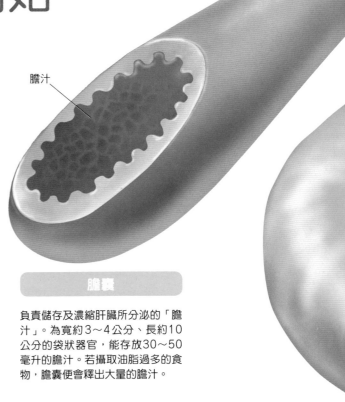

膽汁

膽囊

負責儲存及濃縮肝臟所分泌的「膽汁」。為寬約3～4公分、長約10公分的袋狀器官，能存放30～50毫升的膽汁。若攝取油脂過多的食物，膽囊便會釋出大量的膽汁。

十二指腸

緊接在胃之後的消化道，為小腸的起始段（小腸的一部分）。環繞在胰臟的前端，呈「C」字型。為膽汁和胰液排放的場所，鹼性的胰液可中和強酸性的胃液。

膽汁和胰液排放的場所

十二指腸是胰液和膽汁兩種消化液排放的場所，胰液屬於弱鹼性（pH7.5～8），會連同食物一起與胃部流入的強酸性胃液中和，並分解醣類、蛋白質、脂質。

膽汁能讓脂質的消化酵素發揮作用。膽汁中除了能幫助「膽汁酸」（bile acid）消化脂質外，還含有膽固醇及破壞老舊紅血球時釋出的「膽紅素」（bilirubin），因此呈黃褐色。大便的顏色來源也和膽紅素有關。

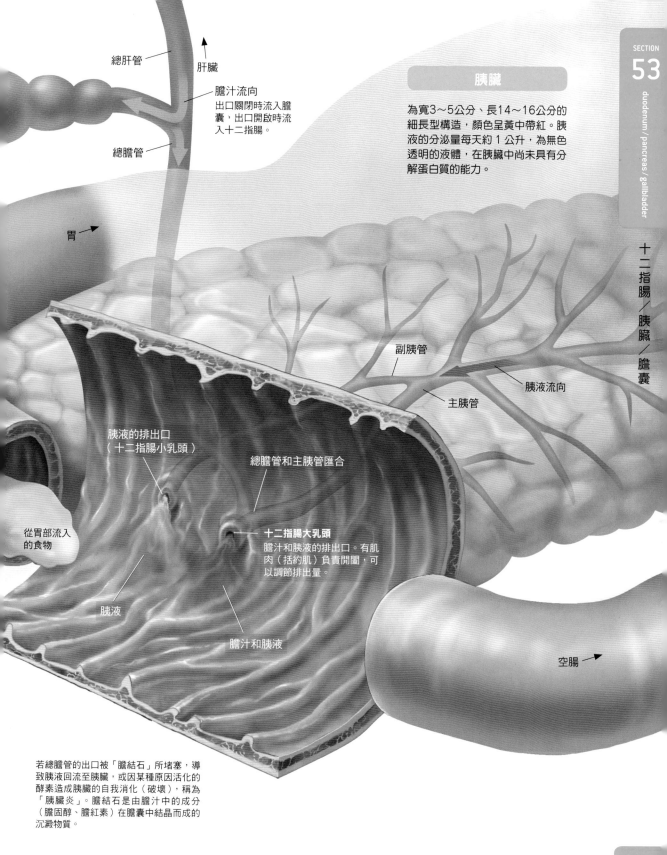

總肝管

肝臟

膽汁流向
出口關閉時流入膽
囊，出口開啟時流
入十二指腸。

總膽管

胃

胰臟

為寬3～5公分、長14～16公分的
細長型構造，顏色呈黃中帶紅。胰
液的分泌量每天約 1 公升，為無色
透明的液體，在胰臟中尚未具有分
解蛋白質的能力。

副胰管

主胰管

胰液流向

胰液的排出口
（十二指腸小乳頭）

總膽管和主胰管匯合

從胃部流入
的食物

十二指腸大乳頭
膽汁和胰液的排出口。有肌
肉（括約肌）負責開闔，可
以調節排出量。

胰液

膽汁和胰液

空腸

若總膽管的出口被「膽結石」所堵塞，導
致胰液回流至胰臟，或因某種原因活化的
酵素造成胰臟的自我消化（破壞），稱為
「胰臟炎」。膽結石是由膽汁中的成分
（膽固醇、膽紅素）在膽囊中結晶而成的
沉澱物質。

胰臟與血糖值的調節有關

「胰臟」有兩個重要的工作。一個是分泌能消化澱粉、蛋白質、脂肪等眾多物質的強力消化液（胰液），送至小腸；另一個則是調整血液中葡萄糖的濃度，亦即血糖值。

胰臟內有稱為「蘭氏小島」（islet of Langerhans）的器官，又稱胰島。其細胞會從微血管取得高血糖的訊息，分泌出讓血糖值下降的激素「胰島素」（insulin）。用餐後，腸道因吸收葡萄糖使得血糖值升高，但在胰島素的作用下，血糖值會慢慢降至正常的範圍。

如上所述，血糖值原本是仰賴胰島素來調節的，但因為各種理由導致胰島素的功能減弱，讓血糖值處於過高狀態的慢性疾病，即所謂的「糖尿病」。若高血糖狀態（糖尿病）長期持續，會引發多種併發症。例如糖尿病腎病變（diabetic nephropathy），就是因為腎臟的血管劣化、過濾功能變差所致。

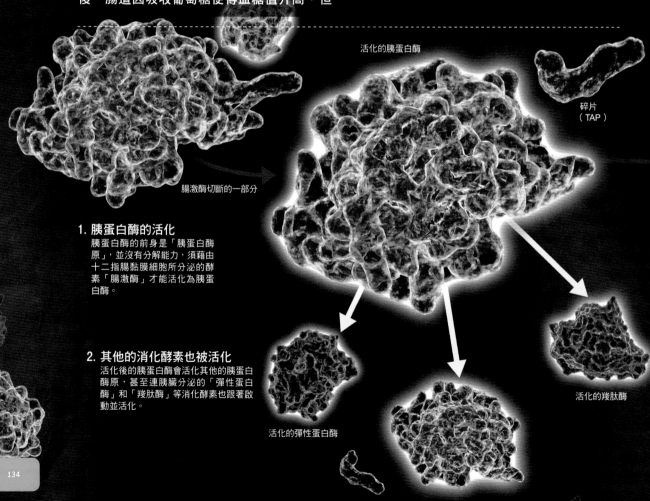

活化的胰蛋白酶

碎片
（TAP）

腸激酶切斷的一部分

1. 胰蛋白酶的活化
胰蛋白酶的前身是「胰蛋白酶原」，並沒有分解能力，須藉由十二指腸黏膜細胞所分泌的酵素「腸激酶」才能活化為胰蛋白酶。

2. 其他的消化酵素也被活化
活化後的胰蛋白酶會活化其他的胰蛋白酶原，甚至連胰臟分泌的「彈性蛋白酶」和「羧肽酶」等消化酵素也跟著啟動並活化。

活化的羧肽酶

活化的彈性蛋白酶

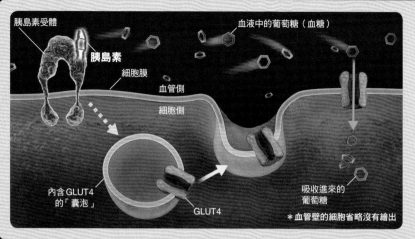

胰島素受體

胰島素

細胞膜

血管側

細胞側

血液中的葡萄糖（血糖）

內含GLUT4
的「囊泡」

GLUT4

吸收進來的
葡萄糖

＊血管壁的細胞省略沒有繪出

胰島素的作用機制

胰島素會與骨骼肌和脂肪細胞等細胞膜內的胰島素受體結合，讓胰島素受體活化。透過各種傳遞物質將這個刺激傳至細胞內後，細胞內的「GLUT4」（第四型葡萄糖運輸蛋白）會往細胞膜移動。抵達細胞膜的GLUT4與血液中的葡萄糖結合，將葡萄糖送到細胞內。

胰臟的功能

圖中所示為活化前的胰蛋白酶到達十二指腸，以及活化後和其他消化酵素一起分解蛋白質（胺基酸鏈）的過程。胰臟除了分泌胰液送入小腸外，還具有調節血糖值的功能。透過分泌能讓血糖值下降的「胰島素」、讓血糖值上升的「升糖素」等激素，將血糖值保持在正常範圍內。

3. 附著在胺基酸鏈上
消化酵素會附著在胺基酸鏈（蛋白質）
上的特定位置。

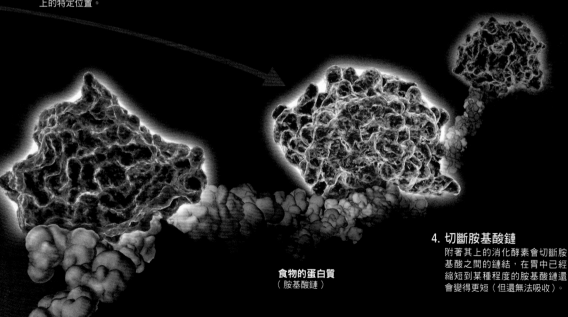

食物的蛋白質
（胺基酸鏈）

4. 切斷胺基酸鏈
附著其上的消化酵素會切斷胺基酸之間的鏈結，在胃中已經縮短到某種程度的胺基酸鏈還會變得更短（但還無法吸收）。

COLUMN

打造出預防醫學原點的 緒方洪庵

活躍於日本江戶時代的緒方洪庵（1810～1863）是相當知名的醫師。出生於1810年，為家中的三男，父親是備中國（日本岡山縣）足守藩的藩士佐伯惟因。16歲時跟著父親遷居大阪，致力於武士的修行。但由於年幼就體弱多病，再加上不擅長武術，因此決心成為一位醫生。

一開始洪庵進入「蘭方醫」中天游的私塾（思思齋塾）學習蘭學。蘭方醫指的是以荷蘭傳入日本的醫學行醫的醫生。當時學習醫學（科學）需要懂荷蘭文，洪庵在4年間翻遍私塾內所有的翻譯書籍努力向學。接著到江戶跟隨坪井信道和宇田川榛齋（玄信）學習，並前往長崎師事一位名叫奈曼（Johannes Niemann，1796～1850）的荷蘭醫生，持續不斷地精進鑽研。

對預防天花有極大的貢獻

目前仍維持當時樣貌的適塾（大阪市中央區），已指定為國家重要文化財（上）。
據說洪庵（右）曾替貧窮的人免費接種疫苗。

1838年，29歲的洪庵在大阪開業當醫生，熱心教育的他同時還開辦私塾「適塾」教導醫學和蘭學。據說其門下學徒高達1000人以上，培養出福澤諭吉等諸多優秀的人才。

當時發生了大鹽平八郎之亂（1837年）等事件，大阪街頭一片混亂。同時天花也在全國各地流行，人民的不安日漸擴大。天花是從古代就肆虐全世界的傳染病，其歷史相當久遠，日本曾經在奈良時代大流行，紀錄顯示當時甚至造成約3成人口的死亡※。

雖然那時認為只要感染上天花就無藥可醫，但洪庵從荷蘭的文獻中發現了英國醫師金納（Edward Jenner，1749～1823）所發明的疫苗。1849年蘭方醫笠原良策得到天花的疫苗，並且在京都獲得了成效。知道這件事的洪庵，在良策將疫苗帶回越前之際，向他分取了一些疫苗。

成功取得疫苗（痘苗）的洪庵，於同年設立了一間私人的「除痘館」，以此作為據點替許多人接種疫苗。疫苗接種雖然在現代是習以為常的方法，但當時卻因人們的偏見和極大的不安而困難重重。在洪庵等人的努力下，疫苗接種的預防方法逐漸為大眾接受，到了1858年終於成為幕府公認的活動。

除了預防天花以外，洪庵還翻譯了重要的蘭學書，彙整疾病的成因和機制並撰寫出日本首部的病理學書《病理通論》等，一生留下許多功績。只要說到現代日本醫學的發展，就不得不提到洪庵。

※：由於當時接連爆發飢荒和大地震，為求平息災難並祈求國家的和平、安定，於是建立了奈良大佛（東大寺）。

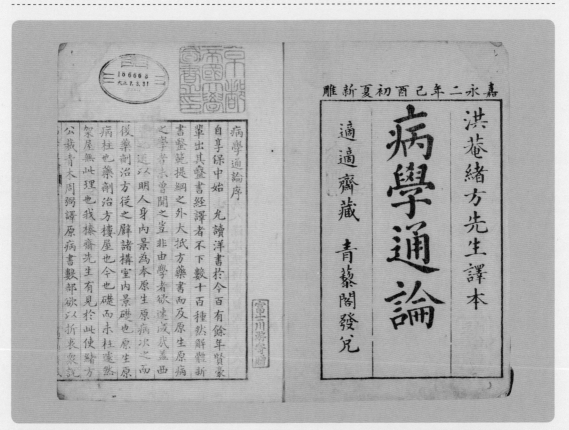

據說漫畫家手塚治蟲的曾祖父（手塚良庵）也是適塾的門生。上圖為日本首部病理學書《病理通論》（京都大學附屬圖書館藏）。

絕大部分的營養是在小腸吸收

若將腹部裡面的消化道伸展開來，總長度約為 9 公尺，其中「小腸」就佔了 3 分之 2 以上。活人內的小腸會收縮成 2～3 公尺，但在肌肉鬆弛的狀態下可達 6～7 公尺。

小腸由「十二指腸」、「空腸」、「迴腸」組成。十二指腸之後的小腸，前半段的 4 成為空腸、後半段的 6 成為迴腸，空腸和迴腸之間並無明確的界線。空腸內壁的皺褶多，食物的推進速度較快，由於死後解剖時大多為排空的狀態而得此名。另一方面，迴腸則是因形狀蜿蜒曲折而有此名。

小腸是食物消化與養分吸收最後的階段，同時也具有吸收水分的功能。除了食物中的水分外，小腸也會回收人體自己所分泌之消化液（唾液、胃液、胰液、膽汁等）中的水分。

空腸

前端與十二指腸相接，為小腸的一部分。與小腸後半部的迴腸相比稍粗，內壁有許多皺褶。大部分的養分都是由空腸吸收。

迴腸

內壁的皺褶比空腸少，食物的移動速度也較慢。在空腸未被吸收的維生素B_{12}，則主要在迴腸吸收。

升結腸

盲腸

大腸的起始部分，與迴腸相連。

緩慢的小腸消化旅程

抵達小腸的粥狀食物，通常需要 3～5 小時才能從十二指腸推進到迴腸的末端。在這段過程中，會進行養分和水分的吸收。養分的吸收，絕大部分是在皺褶較多（表面積較大）的空腸內。而水分有 85% 是在小腸吸收。

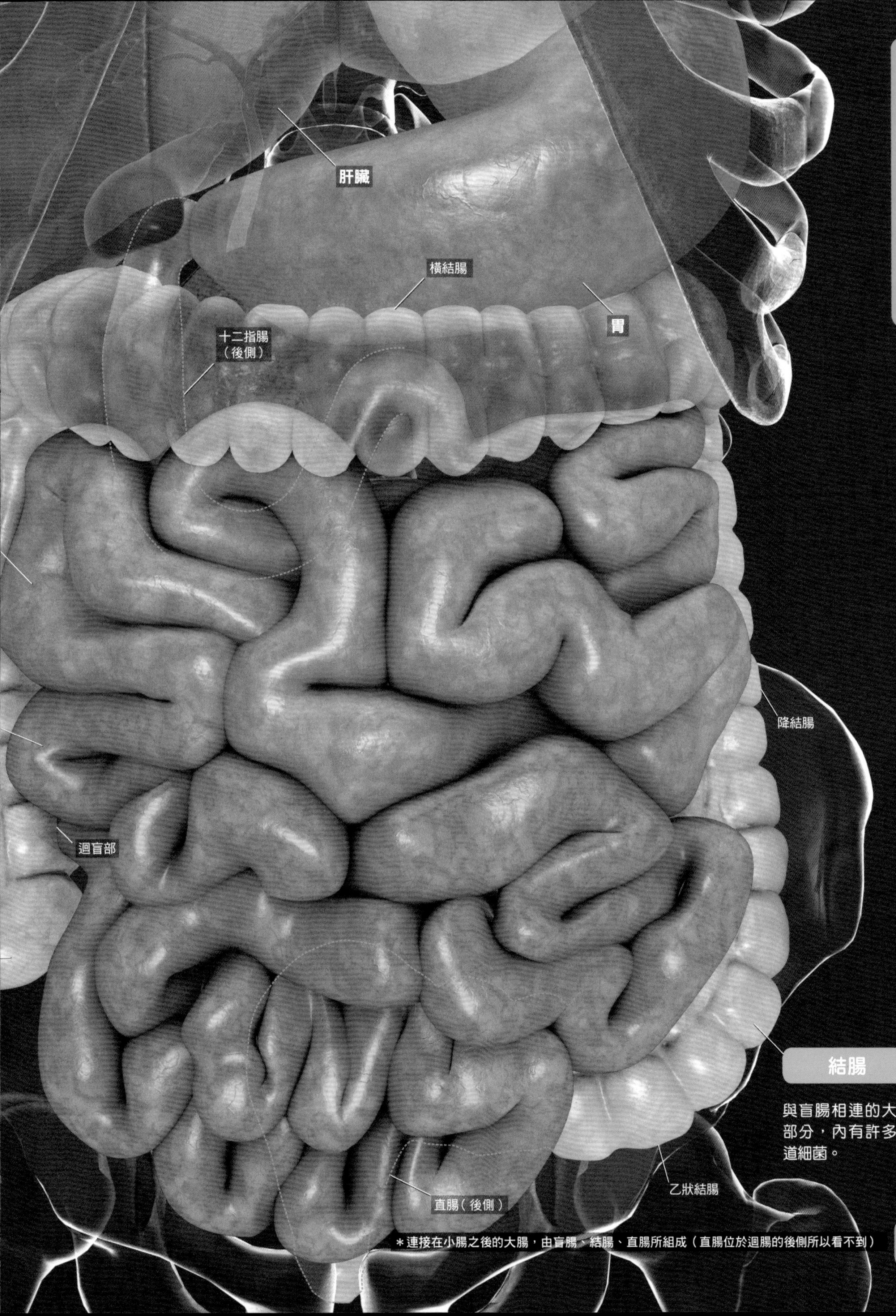

肝臟

橫結腸

胃

十二指腸
（後側）

降結腸

迴盲部

結腸

與盲腸相連的大腸
部分，內有許多腸
道細菌。

直腸（後側）

乙狀結腸

＊連接在小腸之後的大腸，由盲腸、結腸、直腸所組成（直腸位於迴腸的後側所以看不到）

小腸的表面積相當於一面網球場

小 腸內壁的表面有許多微小皺褶（環狀褶）。若將皺褶放大，會看到布滿著高約0.5～1.5毫米的突起物，稱之為「絨毛」（villus）。將絨毛的表面放大之後，可以發現上面排列著「吸收上皮細胞」（absorptive epithelium），細胞的表面也覆蓋著一層稱為「微絨毛」（microvillus）的細毛結構。

上述這些都具有增加小腸內部表面積的效果，若小腸是條沒有皺褶和突起物的長管，直徑 4 公分、長 3 公尺的內壁表面積約為0.4平方公尺；如果有皺褶和突起物（絨毛和微絨毛），則內壁的表面積可加大至200平方公尺，幾乎等同於一面網球場的面積。表面積越大，消化後的食物與微絨毛表面的接觸機會越多，營養的吸收效率就越高。

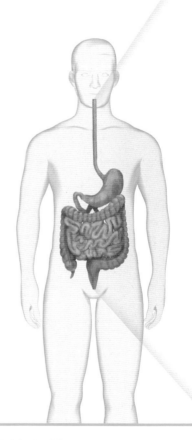

由微絨毛負責吸收營養物質

微絨毛（上圖）內含有消化酵素，經胰液等分解後送入小腸的營養物質，會再經過消化酵素分解成最小單位。分解後的營養物質透過微絨毛的表面吸收後，由微血管和淋巴管運送出去。

食道

胃

十二指腸

消化道的長度與主要功能

名稱		主要功能	長度	
食道		將食物運送至胃	約25 cm	
胃		殺菌和儲存食物	40 cm左右	
小腸	十二指腸	分泌消化液	25～30 cm	合計 6～7 m
	空腸	消化和吸收養分	2～3 m	
	迴腸	消化和吸收、回收膽汁酸	3～4 m	
大腸	結腸	製造糞便、分解膳食纖維	約1.4 m	合計 1.6～1.7 m
	直腸	儲存糞便、排遺	約20 cm	

空腸（占十二指腸之後的小腸前半段 4 成）

放大

環狀褶

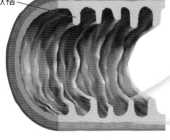

絨毛

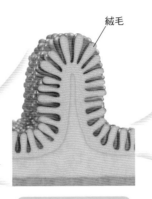

吸收上皮細胞　微血管
淋巴管

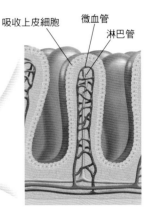

空腸

空腸的內壁覆蓋著黏膜，有許多高約 8 毫米的皺褶（環狀褶）。小腸當中又以空腸的皺褶密度最高，越往小腸的後半段，皺褶越少。

環狀褶

皺褶的表面有許多突起物（絨毛），皺褶和絨毛的作用都是增加小腸內壁的表面積。

絨毛

絨毛上覆蓋著上皮細胞，細胞表面還有層稱為微絨毛的細毛結構。

迴腸（占十二指腸之後的小腸後半段 6 成）

結腸

盲腸

闌尾

直腸

肛門

肝臟是人體的「化學工廠」

「肝臟」（liver）是人體最大的臟器，重達1000～1500公克、厚度約 7 公分。肝臟內有許多酵素，透過化學反應可以製造或轉換成各式各樣的物質。數量多達2000種以上，也可以說肝臟就是人體內的化學工廠。

肝臟擁有各種功能，例如分解（解毒）酒精、藥物成分，合成、分泌有助於脂質消化的膽汁。並身兼儲存庫的角色，可將食物中的養分先儲存起來。

營養物質經小腸黏膜吸收後，即進入小腸壁（絨毛）中的微血管和淋巴管。其中一部分會經由血液運送至肝臟，並轉換成容易儲藏的形式存放。舉例來說，糖類（單醣：葡萄糖）會以「肝醣」（glycogen）的化合物形式儲存在肝臟。在身體需要時，肝醣可重新分解為葡萄糖釋放到血液中，運輸到全身供細胞利用。

肝臟的結構

肝臟主要由「肝細胞」所組成，負責轉換營養物質、分解毒物等多種化學反應。「肝小葉」是肝臟的基本結構單位，直徑 1 毫米，由近50萬個肝細胞集合而成。肝臟則由約50萬個肝小葉所構成。

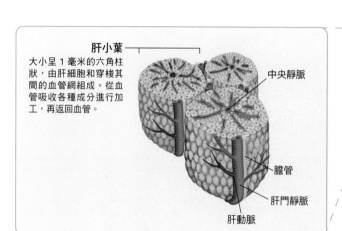

肝小葉
大小呈 1 毫米的六角柱狀，由肝細胞和穿梭其間的血管網組成。從血管吸收各種成分進行加工，再返回血管。

中央靜脈

膽管

肝門靜脈

肝動脈

肝臟具有高度的再生能力，即使在手術中切掉一半的肝臟，只要剩餘的肝臟處於健康的狀態，幾個月後就能長回原來的大小。

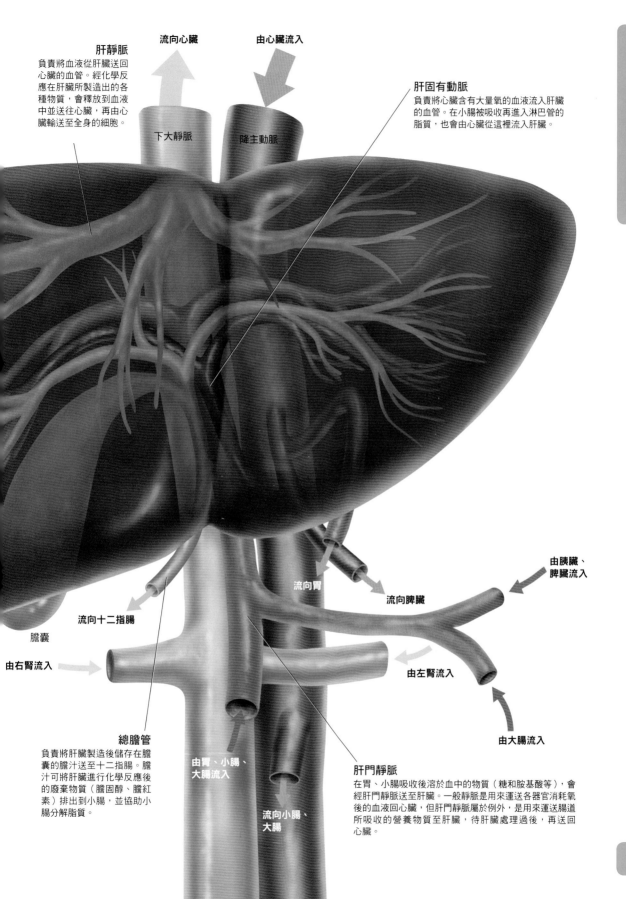

肝靜脈
負責將血液從肝臟送回心臟的血管。經化學反應在肝臟所製造出的各種物質，會釋放到血液中並送往心臟，再由心臟輸送至全身的細胞。

流向心臟

由心臟流入

下大靜脈

降主動脈

肝固有動脈
負責將心臟含有大量氧的血液流入肝臟的血管。在小腸被吸收再進入淋巴管的脂質，也會由心臟從這裡流入肝臟。

由胰臟、脾臟流入

流向胃

流向脾臟

流向十二指腸

膽囊

由右腎流入

由左腎流入

由大腸流入

總膽管
負責將肝臟製造後儲存在膽囊的膽汁送至十二指腸。膽汁可將肝臟進行化學反應後的廢棄物質（膽固醇、膽紅素）排出到小腸，並協助小腸分解脂質。

由胃、小腸、大腸流入

流向小腸、大腸

肝門靜脈
在胃、小腸吸收後溶於血中的物質（糖和胺基酸等），會經肝門靜脈送至肝臟。一般靜脈是用來運送各器官消耗氧後的血液回心臟，但肝門靜脈屬於例外，是用來運送腸道所吸收的營養物質至肝臟，待肝臟處理過後，再送回心臟。

營養素需分解成小分子才能為人體所吸收

食物原本的營養素成分（分子）過於龐大，又與人體的成分不同。如果不細細分解成為較小的分子，不僅人體無法吸收，還會被身體當成異物。也就是說，入口的豬腿肉並無法直接成為人腿肉的材料，吃進去的膠原蛋白也不會在體內形成原來的膠原蛋白。

提供我們活動的能源，並建構身體組織所需的主要營養素，有醣類（carbohydrate）、蛋白質（protein）、脂質（lipid）這三種，因此有「三大營養素」（產生能量的營養素）之稱。

三大營養素加上維生素和礦物質，稱為「五大營養素」。維生素是除了三大營養素之外，人體必需的有機物質總稱，數量共有13種。而礦物質指的是鈉、鉀、鈣、鐵等，與維生素一樣都是人體必要的微量元素。

人體對礦物質和維生素的需求量雖然不多，但其中有許多是體內不能自行合成（無法以其他的材料製造出來）的營養素，所以只能從每天的食物中攝取。加上都屬於小分子物質，因此可由小腸黏膜直接吸收。也就是說，維生素和礦物質本身不需要經過消化的過程。

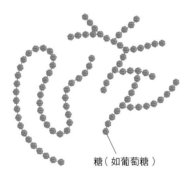

糖（如葡萄糖）

胺基酸

中性脂肪（三酸甘油酯）

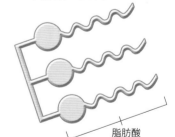

脂肪酸

醣類

米飯、麵包、麵條等食物中富含的營養素，由數十～數萬個葡萄糖之類的糖（單醣）分子鍵結而成。

蛋白質

肉、魚、蛋、大豆等皆含有豐富的蛋白質，由數十～數千個胺基酸分子連結而成。構成蛋白質的胺基酸有20種。

脂質

油脂、乳製品等皆富含脂質，以數個～二十幾個碳原子連結的「脂肪酸」為基本單位。主要成分是由三個脂肪酸分子組合而成的「中性脂肪」（三酸甘油酯）。

吃進米飯、麵包（醣類）的時候……

透過唾液、胰液的消化酵素，即可切斷糖分子之間的鍵結，直到變成單醣（請參照第122頁）後由小腸吸收。小腸吸收的糖，會先送到肝臟以合成肝醣的方式儲存下來，當身體活動需要能源時，再由肝臟將肝醣分解回葡萄糖，輸送給全身細胞使用。99%的醣類會由人體消化和吸收。

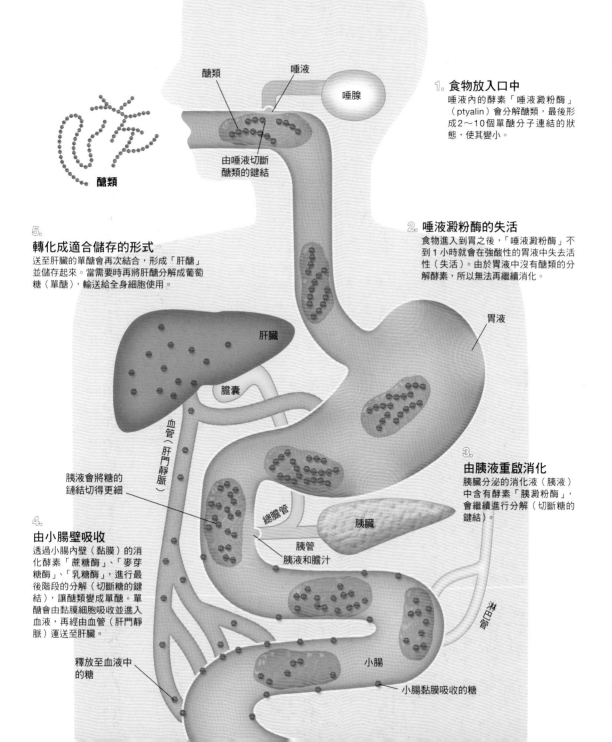

醣類　　唾液

唾腺

由唾液切斷
醣類的鍵結

醣類

1. 食物放入口中
唾液內的酵素「唾液澱粉酶」
（ptyalin）會分解醣類，最後形
成2～10個單醣分子連結的狀
態，使其變小。

5.
轉化成適合儲存的形式
送至肝臟的單醣會再次結合，形成「肝醣」
並儲存起來。當需要時再將肝醣分解成葡萄
糖（單醣），輸送給全身細胞使用。

2. 唾液澱粉酶的失活
食物進入到胃之後，「唾液澱粉酶」不
到1小時就會在強酸性的胃液中失去活
性（失活）。由於胃液中沒有醣類的分
解酵素，所以無法再繼續消化。

肝臟

胃液

膽囊

血管（肝門靜脈）

胰液會將糖的
鍵結切得更細

總膽管

胰臟

3.
由胰液重啟消化
胰臟分泌的消化液（胰液）
中含有酵素「胰澱粉酶」，
會繼續進行分解（切斷糖的
鍵結）。

4.
由小腸壁吸收
透過小腸內壁（黏膜）的消
化酵素「蔗糖酶」、「麥芽
糖酶」、「乳糖酶」，進行最
後階段的分解（切斷糖的鍵
結），讓醣類變成單醣。單
醣會由黏膜細胞吸收並進入
血液，再經由血管（肝門靜
脈）運送至肝臟。

胰管
胰液和膽汁

血管（淋巴管）

釋放至血液中
的糖

小腸

小腸黏膜吸收的糖

吃進肉、蛋（蛋白質）的時候……

透過胃液和胰液中的消化酵素，會切斷蛋白質中胺基酸之間的鍵結。最後由小腸吸收的胺基酸，會先經由血液輸送到肝臟，再從肝臟運送至全身，作為合成蛋白質的原料。

＊蛋白質的消化吸收率約為90%。

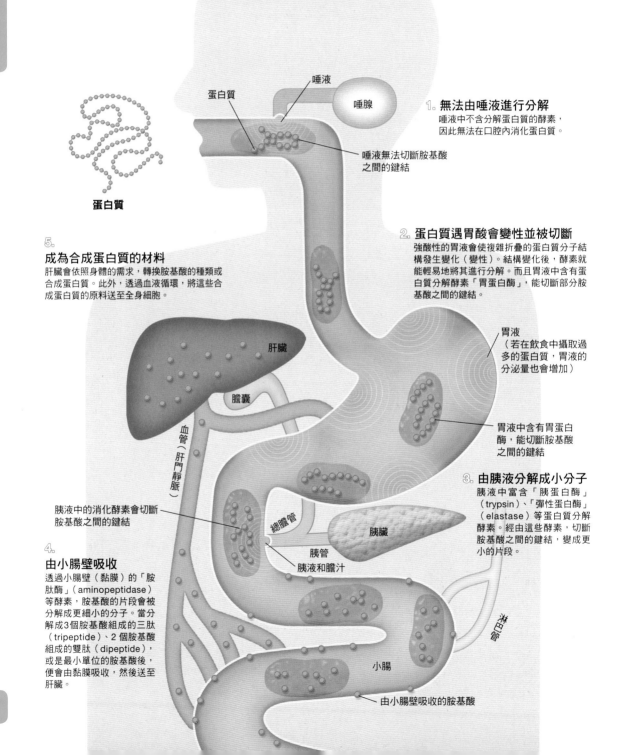

蛋白質

唾液

唾腺

蛋白質

1. 無法由唾液進行分解
唾液中不含分解蛋白質的酵素，
因此無法在口腔內消化蛋白質。

唾液無法切斷胺基酸
之間的鍵結

2. 蛋白質遇胃酸會變性並被切斷
強酸性的胃液會使複雜折疊的蛋白質分子結
構發生變化（變性）。結構變化後，酵素就
能輕易地將其進行分解。而且胃液中含有蛋
白質分解酵素「胃蛋白酶」，能切斷部分胺
基酸之間的鍵結。

胃液
（若在飲食中攝取過
多的蛋白質，胃液的
分泌量也會增加）

胃液中含有胃蛋白
酶，能切斷胺基酸
之間的鍵結

5.
成為合成蛋白質的材料
肝臟會依照身體的需求，轉換胺基酸的種類或
合成蛋白質。此外，透過血液循環，將這些合
成蛋白質的原料送至全身細胞。

肝臟

膽囊

血管（肝門靜脈）

胰液中的消化酵素會切斷
胺基酸之間的鍵結

3. 由胰液分解成小分子
胰液中富含「胰蛋白酶」
（trypsin）、「彈性蛋白酶」
（elastase）等蛋白質分解
酵素。經由這些酵素，切斷
胺基酸之間的鍵結，變成更
小的片段。

總膽管

胰臟

胰管
胰液和膽汁

4.
由小腸壁吸收
透過小腸壁（黏膜）的「胺
肽酶」（aminopeptidase）
等酵素，胺基酸的片段會被
分解成更細小的分子。當分
解成3個胺基酸組成的三肽
（tripeptide）、2個胺基酸
組成的雙肽（dipeptide），
或是最小單位的胺基酸後，
便會由黏膜吸收，然後送至
肝臟。

淋巴管

小腸

由小腸壁吸收的胺基酸

吃進油脂、奶油（脂質）的時候⋯⋯

由於脂質（油）不溶於水，消化酵素難以發揮作用。為此，經胃液和膽汁將油分散成小顆粒後，會再由胰液進行分解。脂質由小腸吸收後，可儲存在肝臟和脂肪組織，或是作為構成細胞膜的成分。

＊脂質的消化吸收率約為90%。

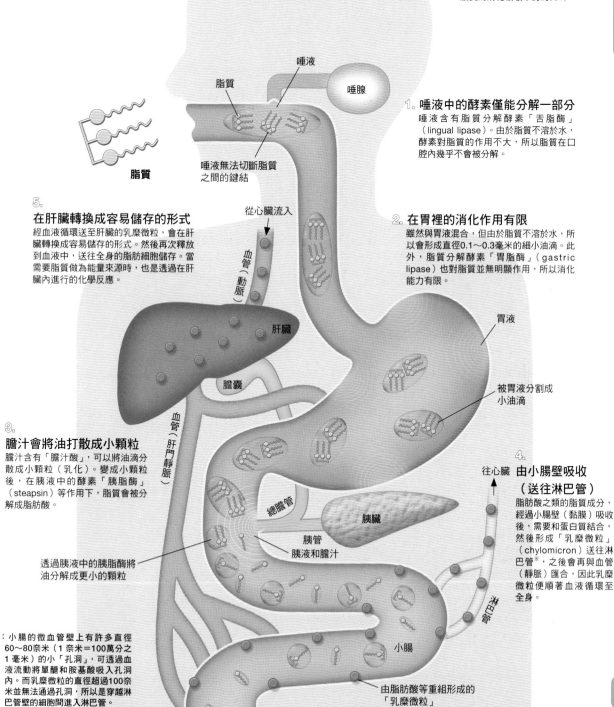

脂質

唾液

唾腺

脂質

唾液無法切斷脂質之間的鍵結

1. 唾液中的酵素僅能分解一部分
唾液含有脂質分解酵素「舌脂酶」（lingual lipase）。由於脂質不溶於水，酵素對脂質的作用不大，所以脂質在口腔內幾乎不會被分解。

5.

在肝臟轉換成容易儲存的形式
經血液循環送至肝臟的乳糜微粒，會在肝臟轉換成容易儲存的形式。然後再次釋放到血液中，送往全身的脂肪細胞儲存。當需要脂質做為能量來源時，也是透過在肝臟內進行的化學反應。

從心臟流入

血管（動脈）

2. 在胃裡的消化作用有限
雖然與胃液混合，但由於脂質不溶於水，所以會形成直徑0.1～0.3毫米的細小油滴。此外，脂質分解酵素「胃脂酶」（gastric lipase）也對脂質並無明顯作用，所以消化能力有限。

肝臟

胃液

膽囊

被胃液分割成小油滴

血管（肝門靜脈）

3.

膽汁會將油打散成小顆粒
膽汁含有「膽汁酸」，可以將油滴分散成小顆粒（乳化）。變成小顆粒後，在胰液中的酵素「胰脂酶」（steapsin）等作用下，脂質會被分解成脂肪酸。

往心臟

總膽管

4.

由小腸壁吸收（送往淋巴管）
脂肪酸之類的脂質成分，經過小腸壁（黏膜）吸收後，需要和蛋白質結合，然後形成「乳糜微粒」（chylomicron）送往淋巴管[※]，之後會再與血管（靜脈）匯合，因此乳糜微粒便順著血液循環至全身。

胰臟

胰管
胰液和膽汁

透過胰液中的胰脂酶將油分解成更小的顆粒

淋巴管

[※]：小腸的微血管壁上有許多直徑60～80奈米（1奈米＝100萬分之1毫米）的小「孔洞」，可透過血液流動將單醣和胺基酸吸入孔洞內。而乳糜微粒的直徑超過100奈米並無法通過孔洞，所以是穿越淋巴管壁的細胞間進入淋巴管。

小腸

由脂肪酸等重組形成的「乳糜微粒」

葡萄糖是生命活動的能量來源

「葡萄糖」（glucose）是體內產生能量的主要來源。靠著這些能量可以讓肌肉做出動作，也能維持體溫的恆定。

能量的主要生產工廠位於細胞中的「粒線體」，粒線體充滿著彎曲皺褶的膜（內膜），膜內含有生產能量不可或缺的酵素。1公克的葡萄糖約可產生4大卡的能量。

當無法從食物中獲得足夠的葡萄糖來維持血糖值（血液中的葡萄糖濃度）時，就會將儲存在肝臟的肝醣分解成葡萄糖來使用。但肝臟的肝醣儲存量，只要禁食半日便會消耗殆盡。若長期處於飢餓的狀態，便會利用葡萄糖以外的原料在肝臟製造出葡萄糖（糖質新生，gluconeogenesis）。另外，過度攝取的葡萄糖會在肝臟和脂肪組織中轉換成脂肪酸，變成中性脂肪儲存起來。

細胞

外膜

內膜

粒線體
細胞中的胞器之一。利用含碳的化合物和氧（圖中並無繪出），經由化學反應可製造出帶能量的分子（ATP）。內膜含有在產生ATP的化學反應中不可或缺的各種酵素。

細胞

產生能量的葡萄糖

圖中所示為細胞內的葡萄糖轉換成各種分子，產生能量的過程。在葡萄糖轉換成能量的反應過程中所產生的各種分子，也會成為胺基酸、脂質和DNA的原料。

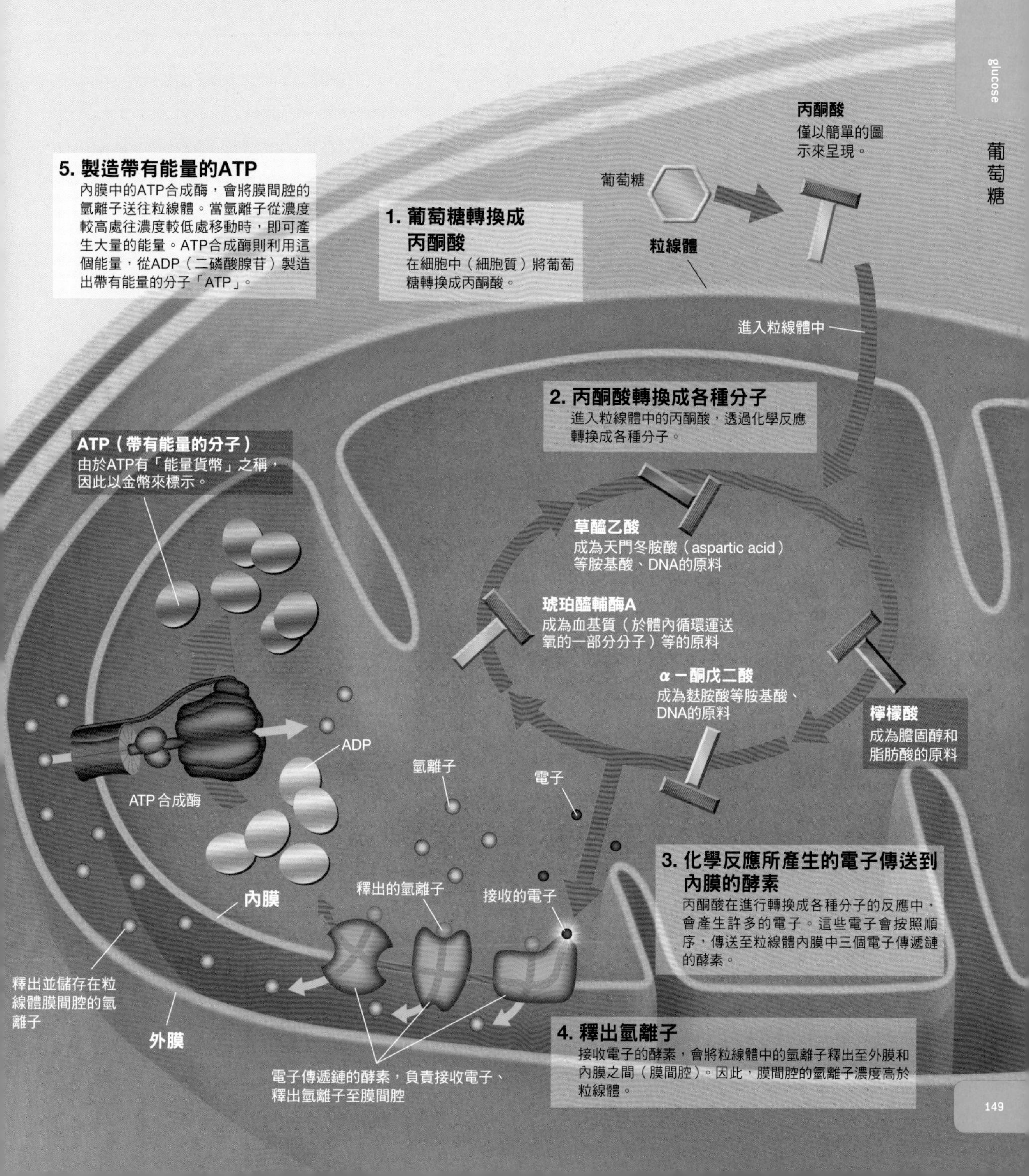

丙酮酸
僅以簡單的圖示來呈現。

葡萄糖

粒線體

進入粒線體中

5. 製造帶有能量的ATP
內膜中的ATP合成酶，會將膜間腔的氫離子送往粒線體。當氫離子從濃度較高處往濃度較低處移動時，即可產生大量的能量。ATP合成酶則利用這個能量，從ADP（二磷酸腺苷）製造出帶有能量的分子「ATP」。

1. 葡萄糖轉換成丙酮酸
在細胞中（細胞質）將葡萄糖轉換成丙酮酸。

2. 丙酮酸轉換成各種分子
進入粒線體中的丙酮酸，透過化學反應轉換成各種分子。

ATP（帶有能量的分子）
由於ATP有「能量貨幣」之稱，因此以金幣來標示。

草醯乙酸
成為天門冬胺酸（aspartic acid）等胺基酸、DNA的原料

琥珀醯輔酶A
成為血基質（於體內循環運送氧的一部分分子）等的原料

α—酮戊二酸
成為麩胺酸等胺基酸、DNA的原料

檸檬酸
成為膽固醇和脂肪酸的原料

ADP

氫離子

電子

ATP合成酶

3. 化學反應所產生的電子傳送到內膜的酵素
丙酮酸在進行轉換成各種分子的反應中，會產生許多的電子。這些電子會按照順序，傳送至粒線體內膜中三個電子傳遞鏈的酵素。

內膜

釋出的氫離子

接收的電子

釋出並儲存在粒線體膜間腔的氫離子

外膜

4. 釋出氫離子
接收電子的酵素，會將粒線體中的氫離子釋出至外膜和內膜之間（膜間腔）。因此，膜間腔的氫離子濃度高於粒線體。

電子傳遞鏈的酵素，負責接收電子、釋出氫離子至膜間腔

胺基酸是建構人體組織
不可或缺的元素

食物中所含的蛋白質，在進入人體後會分解成「胺基酸」（amino acid，或者是三肽、雙肽）。胺基酸於小腸吸收後，經由血液輸送至全身細胞，成為新蛋白質的原料。蛋白質是製造肌肉、頭髮、骨骼、皮膚等各種人體組織的建材。例如視網膜內負責捕捉光線的分子「視紫質」（rhodopsin）、體內運送氧的分子「血紅素」（hemoglobin）、抵禦外來病原體入侵的「抗體」（antibody）等等，皆由蛋白質所構成。

胺基酸還有另一項功能，就是當葡萄糖和脂質等主要的能量來源不足時，會分解其中一部分（作為能量來源）來利用。另外於糖質新生及含氮分子的胺基酸製造氮化合物時也會用到。

胺基酸最後會代謝成尿素排出體外。而留在體內的胺基酸則成為新蛋白質的原料再次利用。

蛋白質在體內的運作

蛋白質在體內的運作範例如圖所示。人體中約有10萬種蛋白質，有的負責構築身體的組織，有的負責體內的化學反應。

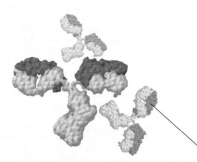

抗體
由免疫B細胞所分泌的蛋白質。會附著在入侵體內的病原體上，標上攻擊的記號。

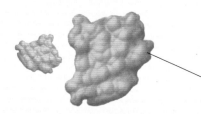

胰島素
血糖值（血液中的葡萄糖濃度）上升時，由胰臟細胞所分泌的激素。可使血液中的葡萄糖進入細胞，讓血糖值下降。

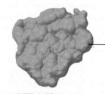

胰蛋白酶
小腸內分解蛋白質的消化酵素。

食品中所含有的蛋白質

胺基酸

在小腸吸收前會先分解成較小的胺基酸。

在體內細胞重新合成的蛋白質

胺基酸運送至原先的細胞後，會成為新蛋白質的原料來使用。

蛋白質的分解與再合成
運送至全身細胞的胺基酸，會依據DNA的鹼基序列，作為新蛋白質的原料。

食品名	分數	第一限制胺基酸	食品名	分數	第一限制胺基酸
白米	61	離胺酸	竹筴魚	100	
黃豆	100		蛤	84	色胺酸
紅蘿蔔	59	白胺酸	牛肉	100	
蛋	100		豚肉	100	
牛奶	100		雞肉	100	

＊上述數值是以1985年FAO、WHO、UNU等機構所發表的胺基酸類型為基
　礎計算得出。

所謂胺基酸分數，是指人體無法自行合成
（必須從食物中攝取）的9種必需胺基酸
的含量比例。分數越接近100即可稱為
「優質蛋白質」，代表容易為人體吸收和
利用。

其中數值最小的胺基酸稱為「第一限制
胺基酸」，數值就是該食品的分數。胺基
酸分數，可做為學校營養午餐或醫院膳食
在製作健康飲食菜單時的參考。

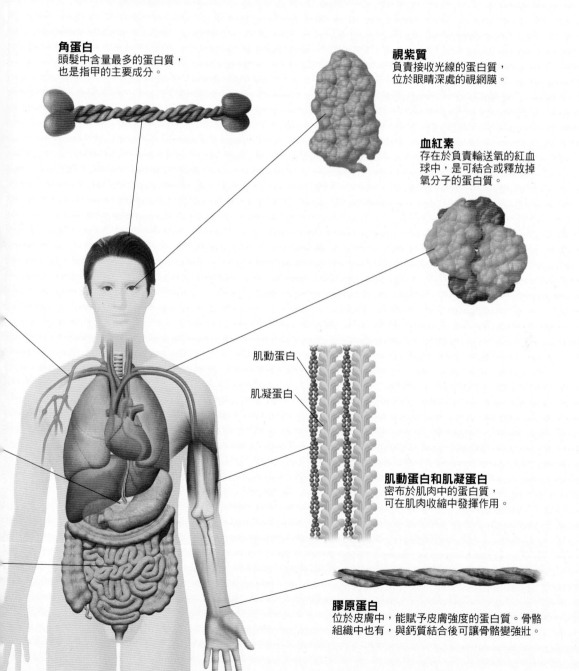

角蛋白
頭髮中含量最多的蛋白質，
也是指甲的主要成分。

視紫質
負責接收光線的蛋白質，
位於眼睛深處的視網膜。

血紅素
存在於負責輸送氧的紅血
球中，是可結合或釋放掉
氧分子的蛋白質。

肌動蛋白

肌凝蛋白

肌動蛋白和肌凝蛋白
密布於肌肉中的蛋白質，
可在肌肉收縮中發揮作用。

膠原蛋白
位於皮膚中，能賦予皮膚強度的蛋白質。骨骼
組織中也有，與鈣質結合後可讓骨骼變強壯。

守護細胞的城牆是由脂質所構成

我們從食物中攝取到的「脂質」，在小腸內分解吸收後，又會合成為「中性脂肪」（三酸甘油脂）、「磷脂質」及「膽固醇」等分子（脂質）。

這些分子都有不親水而親油的結構，並不會溶在大部分是水的淋巴液或血液中，因此由磷脂質製造出運送脂質的載具「乳糜微粒」。磷脂質的親水端朝向外側，不親水端朝向內側，也就是說載具內是親油的環境。中性脂肪、膽固醇等會進入乳糜微粒中，藉淋巴液來承載供輸，最後進入血液。

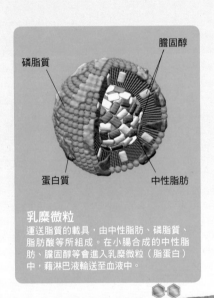

磷脂質　　膽固醇

蛋白質　　中性脂肪

乳糜微粒
運送脂質的載具，由中性脂肪、磷脂質、脂肪酸等所組成。在小腸合成的中性脂肪、膽固醇等會進入乳糜微粒（脂蛋白）中，藉淋巴液輸送至血液中。

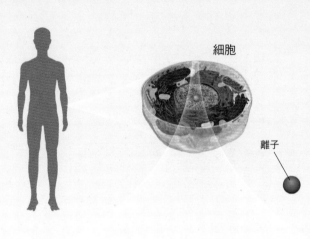

細胞

離子

不親水端（疏水性）

雙重膜

細胞膜為一片「脂質海洋」

由脂質形成的「磷脂質」和「膽固醇」，都是細胞膜的組成成分。因為有這層膜的存在，所以離子和大分子並無法輕易出入細胞內外。

磷脂質

由「不親水端」（相當於脂肪酸）兩層相對形成的細胞膜

親水的部分（親水性）

細胞內

膽固醇

由甘油和脂肪酸組成的中性脂肪

血液中的中性脂肪幾乎都儲存在皮下的脂肪組織內（白色脂肪細胞）。當血糖值降低，受到激素的影響，皮下脂肪會被分解為甘油和脂肪酸。「甘油」會經由血流運送至肝臟，進行糖質新生作用。而「脂肪酸」則進入細胞

內，成為粒線體產生能量的原料。雖然脂質產生能量比醣類更花時間，但 1 公克的脂質產生的能量也比醣類多（約 9 大卡）。人體在較為安靜的狀態下或用餐經過一段時間後，脂質與醣類的運作機制一樣，也會成為製造ATP（能量分子）的主要原料。

由磷脂質和膽固醇構成的細胞膜

磷脂質是構成細胞膜的主要成分，某種程度的大分子和離子（帶電的原子）並無法通過細胞膜。這些物質透過嵌在磷脂質膜中的蛋白質（例如離子通道）作用，才能往來於細胞內外。

膽固醇跟磷脂質一樣是細胞膜的組成成分，也是膽汁酸（bile acids）及各種激素的原料。

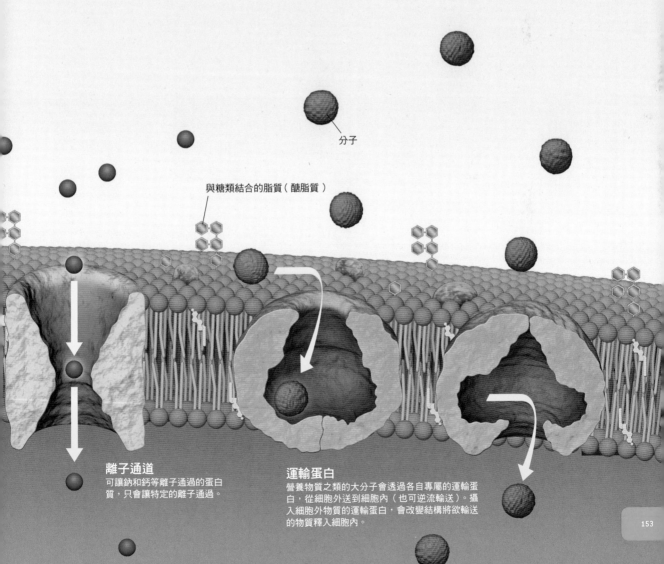

分子

與糖類結合的脂質（醣脂質）

離子通道
可讓鈉和鈣等離子通過的蛋白質，只會讓特定的離子通過。

運輸蛋白
營養物質之類的大分子會透過各自專屬的運輸蛋白，從細胞外送到細胞內（也可逆流輸送）。攝入細胞外物質的運輸蛋白，會改變結構將欲輸送的物質釋入細胞內。

為什麼鮪魚腹肉會入口即化？

脂質大致上可以分成「脂肪」和「油」兩大類。脂肪指的是常溫下（約25℃）的固態油脂，例如人體的脂肪、牛油、豬油等等；油指的是常溫下的液態油脂，橄欖油、芝麻油即是其中一例。但為何同樣都是油脂（脂質），在常溫下卻有固態和液態之分呢？

油脂的不同在於脂肪酸的組成不同

脂質是由1個甘油分子，加上 3 個脂肪酸分子結合而成的物質。脂肪酸有許多種類，像脂肪和油中的脂肪酸組成就各不相同。

脂肪（棕櫚酸、硬脂酸）中富含著脂肪酸。直線型的脂肪酸分子，在分子彼此接近時只有些許的縫隙。也因此分子之間容易相互結合，形成固態狀。另一方面，油（油酸、亞麻油酸）中富含著分子結構呈彎曲狀的脂肪酸。形狀彎曲的分子，彼此之間相互結合的能力較弱，因此不易形成固態。

動物的油脂當中，相對於牛油、豬油在常溫下是固態，魚所含的油脂「魚油」在常溫下則是液態。雖然魚油依照魚種的不同，脂肪酸的要素和成分也隨之不同，但皆含有豐富的二十二碳六烯酸（DHA）等形狀彎曲的脂肪酸。品嚐鮪魚大腹肉或中腹肉時入口即化的感覺，正是因為富含彎曲狀脂肪酸的魚油在常溫下是液態的緣故。

過量攝取「反式脂肪酸」有礙健康？

液態的油和氫進行反應後，就能變成固態。人造奶油和酥油（添加在糕餅和麵包材料內的油脂）便是以這種方法製造，但在過程中會產生稱為「反式脂肪」的副產物。反式脂肪並不存在於自然界中，一般認為會提高動脈硬化的風險。

油脂的分類	油脂的種類	脂肪酸的組成（數字的單位皆為%）										
脂肪（常溫為固態）	牛脂	0	2	26	16	3	45				4	100%
	豬油	0	2	25	15	2	43				10	100%
油（常溫為液態）	魚油（黑鮪魚脂肪）	0	4	15	5	4	21	8	10	6	14	100%
	橄欖油	0	10	3	77						7	100%
	芝麻油	0	9	6	40	44						100%
	菜籽油	0	4	2	63	20	8					100%

直線型的脂肪酸⋯⋯ ■ 肉豆蔻酸，■ 棕櫚酸，■ 硬脂酸
彎曲狀的脂肪酸⋯⋯ ■ 棕櫚油酸，■ 油酸，■ 亞麻油酸，■ 次亞麻油酸，
■ 二十烯酸，■ 二十二烯酸，■ 二十碳五烯酸，■ 二十二碳六烯酸（DHA）

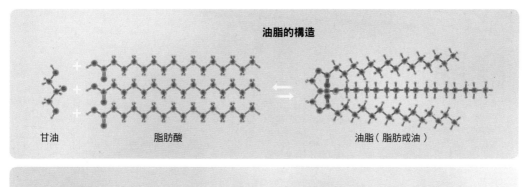

油脂的構造

甘油　　　　　脂肪酸　　　　　　　油脂（脂肪或油）

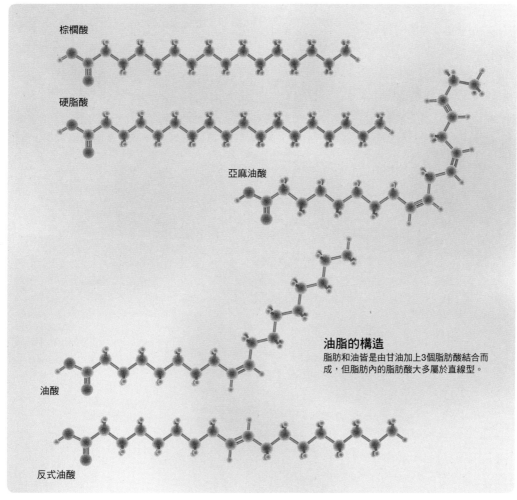

棕櫚酸

硬脂酸

亞麻油酸

油脂的構造
脂肪和油皆是由甘油加上3個脂肪酸結合而成，但脂肪內的脂肪酸大多屬於直線型。

油酸

反式油酸

油脂的脂肪酸組成（左）

脂肪（牛脂、豬油等）中的棕櫚酸、硬脂酸含量比油多，而油（橄欖油、芝麻油等）中的油酸和亞麻油酸含量比脂肪多。

＊脂肪酸的比例是以「日本食品標準成分表2015年版（7訂），文部科學省」為基礎計算出來的數據。
＊小數點以下採四捨五入計算，未滿2％的脂肪酸則歸類在其他的脂肪酸（□：請參照左頁圖）。

負責吸收水分形成固體糞便的大腸

「大腸」位於從食道一路延伸的消化道末端，由盲腸、結腸、直腸所組成，長約1.6公尺的管狀構造環繞在小腸的周圍。從小腸進入大腸的食物，將近90％的營養物質已經被吸收了。

大腸的主要功能是吸收水分並形成固體糞便，以及透過腸道細菌將小腸無法消化吸收的成分再進行一次分解吸收。已消化的食物通過大腸約需15個小時。食物從小腸進入大腸後，幾乎是液體的狀態，一路慢慢吸收水分，當抵達大腸最後段的直腸時，已形成固體狀的糞便。

平均每天排出的糞便量約為60～180公克，有80％是水分。水分以外的固體成分中，無法消化的食物殘渣（膳食纖維）比例只占全部糞便的7％。剩下的則是通過大腸時進行代謝活動的腸道細菌及其屍體，還有腸道表面剝落下來的細胞。

由盲腸、結腸、直腸組成的大腸

大腸的入口「迴腸口」有個瓣膜，能防止食物逆流至小腸。迴腸口下方的大腸部位稱為「盲腸」，盲腸末端還有一條形狀細長的「闌尾」。大腸的直徑有7公分左右，到後半段會越來越細。

結腸帶
大腸外壁有三條由縱走肌匯集而成的粗繩狀「結腸帶」（taenia coli）。由於三條結腸帶與腸管平行，所以大腸的表面會形成一節一節膨起的袋狀結構。

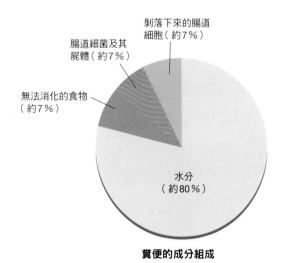

剝落下來的腸道細胞（約7％）
腸道細菌及其屍體（約7％）
無法消化的食物（約7％）
水分（約80％）

糞便的成分組成

闌尾的位置變化多端
右圖為各種闌尾的位置（數字代表該位置的人數所占比例）。半數以上的人都連接在大腸後方（背側），也有極少數人是往小腸（迴腸）的方向延伸。因闌尾炎而需動手術切除時，若闌尾的位置太罕見就得多花些時間進行確認。

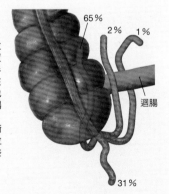

65％
2％
1％
迴腸
31％

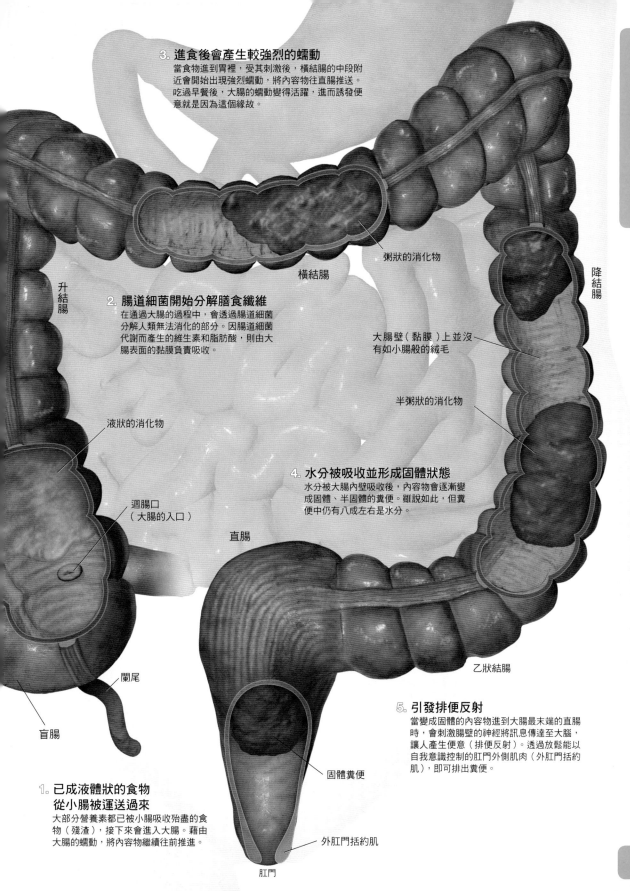

3. 進食後會產生較強烈的蠕動
當食物進到胃裡，受其刺激後，橫結腸的中段附近會開始出現強烈蠕動，將內容物往直腸推送。吃過早餐後，大腸的蠕動變得活躍，進而誘發便意就是因為這個緣故。

粥狀的消化物

橫結腸

降結腸

升結腸

2. 腸道細菌開始分解膳食纖維
在通過大腸的過程中，會透過腸道細菌分解人類無法消化的部分。因腸道細菌代謝而產生的維生素和脂肪酸，則由大腸表面的黏膜負責吸收。

大腸壁（黏膜）上並沒有如小腸般的絨毛

半粥狀的消化物

液狀的消化物

4. 水分被吸收並形成固體狀態
水分被大腸內壁吸收後，內容物會逐漸變成固體、半固體的糞便。雖說如此，但糞便中仍有八成左右是水分。

迴腸口
（大腸的入口）

直腸

乙狀結腸

闌尾

5. 引發排便反射
當變成固體的內容物進到大腸最末端的直腸時，會刺激腸壁的神經將訊息傳達至大腦，讓人產生便意（排便反射）。透過放鬆能以自我意識控制的肛門外側肌肉（外肛門括約肌），即可排出糞便。

盲腸

固體糞便

1. 已成液體狀的食物
從小腸被運送過來
大部分營養素都已被小腸吸收殆盡的食物（殘渣），接下來會進入大腸。藉由大腸的蠕動，將內容物繼續往前推進。

外肛門括約肌

肛門

我們的肚子裡住著
1.5公斤的細菌

大　腸內住著大腸桿菌和乳酸桿菌等多種「腸道細菌」。以成人來說，腸道細菌的種類多達1000種以上，總數量超過100兆，重約1.5公斤。腸道細菌能將人體無法消化的成分（食物纖維及未消化的蛋白質）其中一部分，分解成人體可以吸收的成分。

　　腸道細菌以包含多種細菌的「腸道菌叢」（intestinal flora）形式集體共生。flora的名字由來，就是因為外觀看起來如花田一般。

　　腸道菌叢的組成分子會依年齡和飲食習慣而改變。一般而言在幼年期到青年期，數量最多的是會視情況帶來正面或負面影響的伺機性病原菌「類桿菌屬」（bacteroides）、比菲德氏菌等等（1公克糞便中含10億～1000億個）。

　　此外，在腸道細菌的活動中，會產生硫化氫等味道的氣體，也就是放屁會臭的原因。

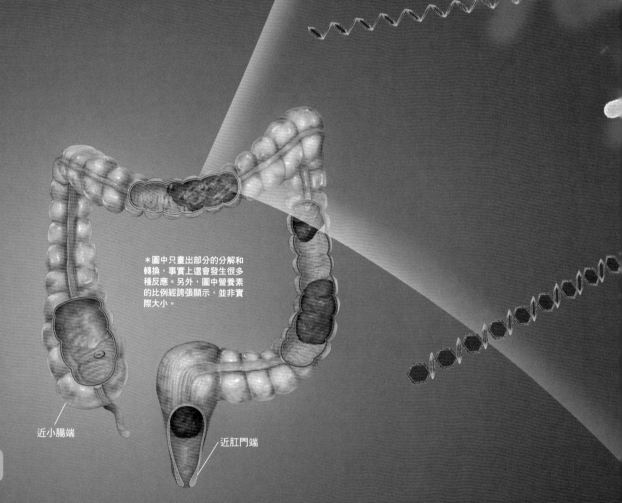

＊圖中只畫出部分的分解和轉換，事實上還會發生很多種反應。另外，圖中營養素的比例經誇張顯示，並非實際大小。

近小腸端

近肛門端

短鏈脂肪酸

單醣

產生大腸的能量來源
切斷膳食纖維所製造出來的
單醣，會成為眾多的腸道細
菌製造短鏈脂肪酸的營養來
源。短鏈脂肪酸指的是丁
酸、丙酸、醋酸等，會成為
大腸細胞的能量來源。此處
是以雙叉桿菌與梭菌屬細菌
為例。

梭菌屬細菌

屬短鏈脂肪
酸的丁酸

單醣

比菲德氏菌

大腸桿菌

乳酸菌

亞麻油酸

改變脂肪酸的結構
乳酸菌會使用數種酶，以亞麻油酸等分子
為原點，在其分子結構上附加別的結構
（修飾）或是進行轉換。最後產生出各種
脂肪酸，其中也包括人類細胞所無法製造
的種類。

經過轉換的
長鏈脂肪酸

分解食物纖維

分解食物纖維

乳酸菌

經過轉換的
長鏈脂肪酸

亞麻油酸

由腸道菌叢所進行的「消化」

腸道細菌除了分解人類的飲食殘渣，還會轉換腸內的脂質和胺基酸等，使其產生多樣化。
這些物質能增強腸細胞之間的結合，強化人體在防止病原體入侵的屏障功能，也能成為促
進免疫系統作用的訊號。

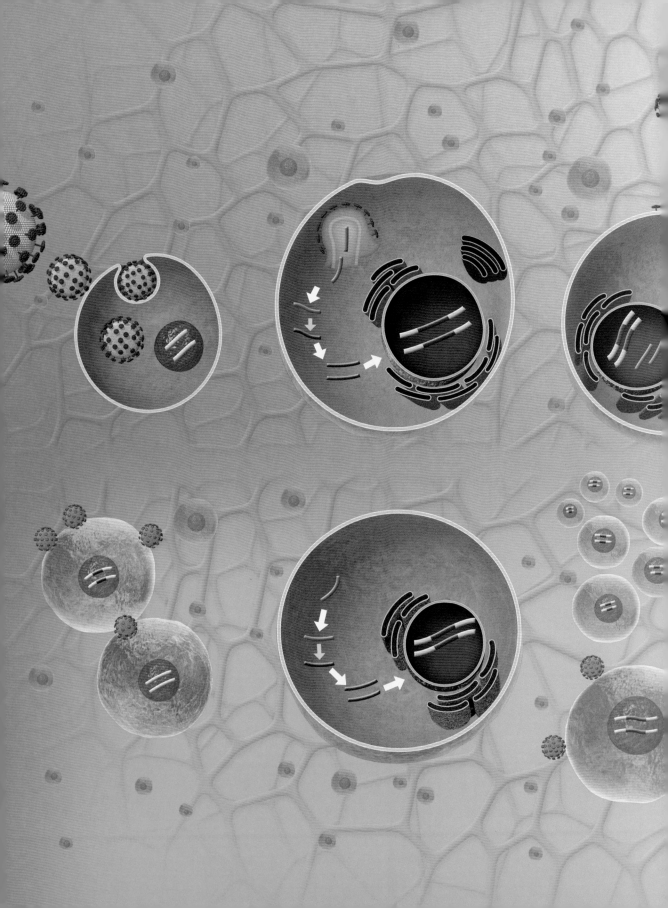

4

守護身體的免疫系統

Immune system

免疫機制保護身體對抗細菌和有害物質等入侵者

空氣中含有細菌以及各種有害的物質，但大多時候，即便我們吸入這些也能安然無事地生活。這是因為體內有一套「免疫」的機制，能夠排除外來的異物。

18世紀末天花（smallpox）曾在歐洲肆虐，英國醫師金納（Edward Jenner，1749～1823）發現經由牛隻感染牛痘的農家均未染上天花。牛痘是一種在人體上症狀較為輕微的傳染病，與天花皆屬於「痘病毒科」的病毒（牛痘病毒）。

金納醫師謹慎地進行實驗，先在少年身上接種牛痘的膿疱（牛痘病毒），之後再接種天花的膿疱（天花病毒），結果少年並未染上天花。由於少年體內已注入牛痘病毒，因此產生與天花病毒對抗的力量，亦即獲得了免疫。這個劃時代的方法，就是利用毒性較弱的病原體（疫苗）來預防天花。

19世紀後半，對於免疫的運作機制有了更詳盡的研究。日本的細菌學家北里柴三郎（1852～1931）和德國的細菌學家貝林（Emil Behring，1854～1917），透過破傷風菌與白喉桿菌的研究，提出血清※中存有對抗細菌毒素的物質（抗體）。同時，比利時的細菌學家博爾代（Jules Bordet，1870～1961）也發現了其他物質（補體）能用來破壞細菌。

根據當時的說法，擔負免疫重責大任的主力有兩種。一種是「體液免疫」，認為免疫力是由血清中的分子所主宰；另一種是「細胞免疫」，認為細胞才是免疫性的主因。但現在我們已經得知，免疫必須在分子和細胞的密切合作之下才能產生作用。

※：將血漿去除凝血成分的纖維蛋白原後的產物。

開拓免疫研究之路的先驅者們

繼18世紀末金納發現預防天花的方法後，北里柴三郎和貝林提出了抗體的存在，後來博爾代又闡明了補體的作用，讓免疫的運作機制逐漸明朗。

金納
E.Jenner

J.Bordet
博爾代

E.Behring

貝林

北里柴三郎

梅里可夫
（1845～1916）
法國的生物學家。他將小刺插入
海星的體內後，竟發現小刺會被
大型的細胞給吞噬掉，因此根據
實驗的結果提出了「細胞免疫」
的說法。

E.Metchnikoff

S.Kitazato

先
天
性
免
疫
／
後
天
性
免
疫

免疫系統分成第一部隊和第二部隊

為了排除由外面入侵的細菌、病毒等病原體，人體內擁有多種與免疫相關的細胞。每一種細胞並不是各自獨立運作的，而是在分工合作下共同築起身體的防線。

免疫系統大致上分成兩個階段。「先天性免疫」（innate immunity）負責最先迎擊入侵者，而接在後頭的「後天性免疫」（adaptive immunity）則負責攻擊先天性免疫無法排除的病原體。從生物演化的角度來看，先天性免疫自古以來就已存在，昆蟲和章魚、烏賊等無脊椎動物都只有先天性免疫這道防線。後天性免疫則是比先天性免疫更加進化的系

主要在先天性免疫作用的細胞

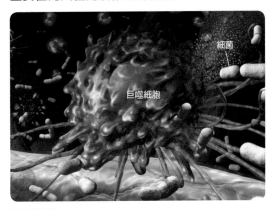

巨噬細胞
主要功能為吞噬、消化細菌等病原體和老廢細胞。

樹突細胞
主要的任務是將消化後的病原體其中一部分提供給T細胞。

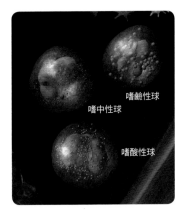

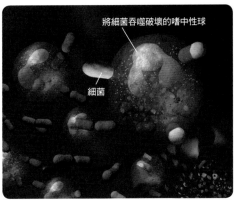

顆粒球
在白血球中數量最多，其中又以嗜中性球占顆粒球的90%以上。具備吞噬、消化病原體的作用。顆粒球中看見的顆粒，就是能殺死病原體的酵素。嗜酸性球會分泌具傷害作用的蛋白質，可以殺死寄生蟲；嗜鹼性球會從顆粒分泌組織胺等物質，增加血管的通透性，引發噴嚏、鼻炎和氣喘等。

統，僅包括人類在內的脊椎動物才有。

免疫反應會因發揮作用的細胞種類而異。活躍於先天性免疫的細胞，有巨噬細胞和顆粒球（嗜中性球、嗜酸性球、嗜鹼性球）、樹突細胞等吞噬細胞。吞噬細胞會吃掉病原體，並在細胞內消化它。另一方面，後天性免疫的主角是T細胞和B細胞。後天性免疫細胞具有專一性，會針對特定的病原體個別進行攻擊。

由白血球來執行的免疫系統

免疫系統主要由白血球來執行。白血球除了顆粒球、巨噬細胞外，還有滲出血管外的T細胞、B細胞等淋巴球。先天性免疫以血球為主，後天性免疫以淋巴球為主。上述這些免疫細胞，皆是由單一種造血幹細胞繁殖、分化製造而來（請參照第30頁）。

主要在後天性免疫作用的細胞

胞毒T細胞
T細胞的一種，能發現並殺死感染病原體的細胞。T細胞在「胸腺」（thymus）分化及成熟，亦為名稱的由來。

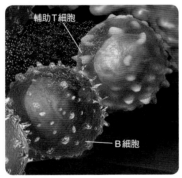

輔助T細胞（Th1・Th2細胞）
T細胞的一種，可幫助活化、增生B細胞或胞毒T細胞。Th1細胞能防禦細菌、病毒的感染，Th2則是關於排除寄生蟲和過敏症狀。

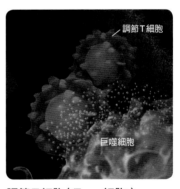

調節T細胞（Treg細胞）
T細胞的一種，藉由抑制輔助T細胞、胞毒T細胞的功能，來控制免疫反應。

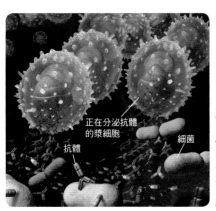

B細胞
會分泌攻擊病原體的「抗體」。由於是在骨髓（bone marrow）內分化成熟，故得此名（另有一說則是因為在鳥類的腔上囊「bursa」發現了B細胞所致）。

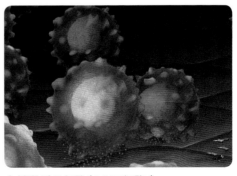

自然殺手T細胞（NKT細胞）
能夠殺死被病原體感染的細胞。

抗體有如「鑰匙和鑰匙孔」只能與特定的抗原結合

後天性免疫的主角是 T 細胞和 B 細胞，這些細胞的首要之務是承接樹突細胞的工作。在先天性免疫中負責吞噬病原體的樹突細胞，會將其中一部分提供給 T 細胞。透過這種方式，可讓 T 細胞具備辨識出敵方「長相」的功能。

經樹突細胞刺激後的 T 細胞會變成「胞毒 T 細胞」[※]在體內循環，能發現並殺死感染病原體的細胞。

另一方面，B 細胞會分泌稱為「抗體」的蛋白質，對病原體發動攻擊。雖然通稱為抗體，但模樣卻是千差萬別，人類與生俱來就擁有多達1000兆種的抗體。

入侵體內的病原體等（抗原），會附著在 B 細胞表面突起的抗體「觸手」。只有當 B 細胞具有能與抗原完全結合的抗體，才能借助輔助 T 細胞的力量增生、成熟（分化）。分化後的 B 細胞，會不斷分泌與原本相同的抗體。分泌出來的抗體會在體內循環，使病原體失去感染的能力，或是促使吞噬細胞消化病原體。

※：受到樹突細胞刺激後的 T 細胞會開始分化，轉變為胞毒 T 細胞或輔助 T 細胞。

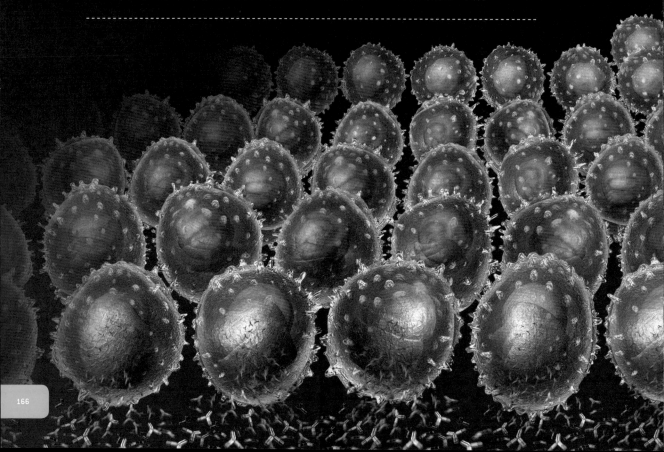

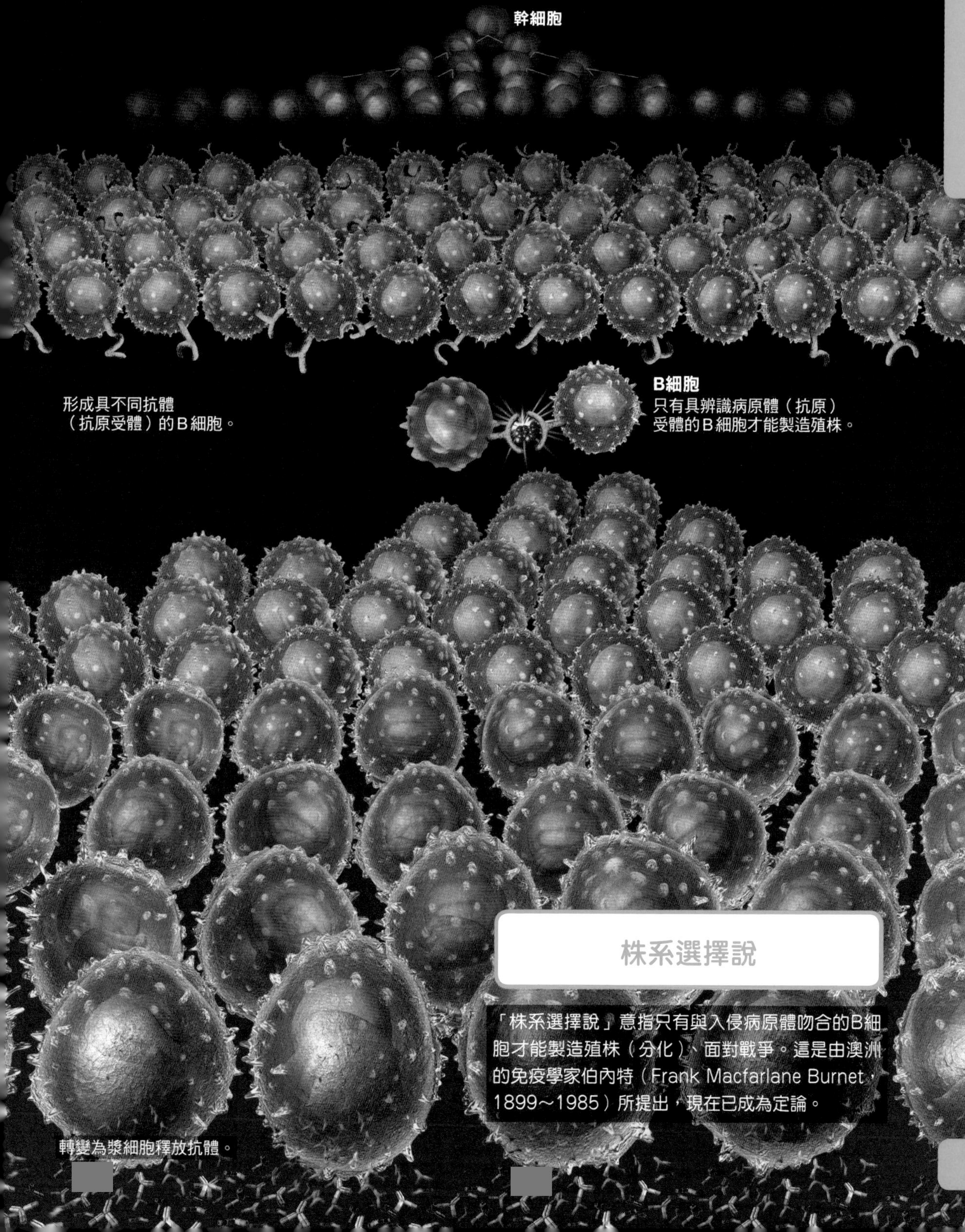

抗原／抗體

幹細胞

形成具不同抗體
（抗原受體）的B細胞。

B細胞
只有具辨識病原體（抗原）
受體的B細胞才能製造殖株。

株系選擇說

「株系選擇說」意指只有與入侵病原體吻合的B細
胞才能製造殖株（分化），面對戰爭。這是由澳洲
的免疫學家伯內特（Frank Macfarlane Burnet，
1899～1985）所提出，現在已成為定論。

轉變為漿細胞釋放抗體。

免疫細胞對花粉成分產生反應

所謂「過敏」（allergy），是指免疫細胞對於不會直接危害身體的異物所產生的反應。根據日本厚生勞動省的調查，每 3 位日本人就有 1 人對某種物質過敏。過敏有許多種，例如食物過敏、金屬過敏、異位性皮膚炎、氣喘等等。症狀多樣，有時甚至會危及性命。

花粉成分從眼睛、鼻子或喉嚨的黏膜入侵體內所引發的「花粉症」，也是過敏的一種。首先體內會製造出大量稱為IgE抗體的蛋白質，這些蛋白質會附著在肥大細胞的表面（過敏反應）。當花粉的成分再次進入體內，就會和附著IgE抗體的肥大細胞產生反應，進而引發流鼻水、眼睛癢之類的症狀。

為什麼有人會明明之前完全沒事，但某天卻突然得了花粉症呢？這是因為體內對花粉產生反應的IgE抗體是一點一滴地增加，當超過某個特定的界限後才會發作。

花粉症會遺傳嗎？

每個人的體內都會有花粉的成分入侵，但若是體質不易製造出與花粉產生反應的IgE抗體，就不會得到花粉症。雖然遺傳對於特定花粉的IgE抗體產生能力具有某種程度的決定性，不過花粉症除了遺傳之外，也有可能是因為飲食生活、生活環境等諸多因素而引發。

1. 花粉被黏液內的蛋白質分解後，進入鼻子、眼睛的黏膜。

杉樹花粉

7. 花粉再次進入體內。

第2次入侵

黏液

鼻子的上皮細胞

9. 組織胺可增加黏液的量，讓花粉隨著鼻水或眼淚排出體外。

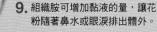

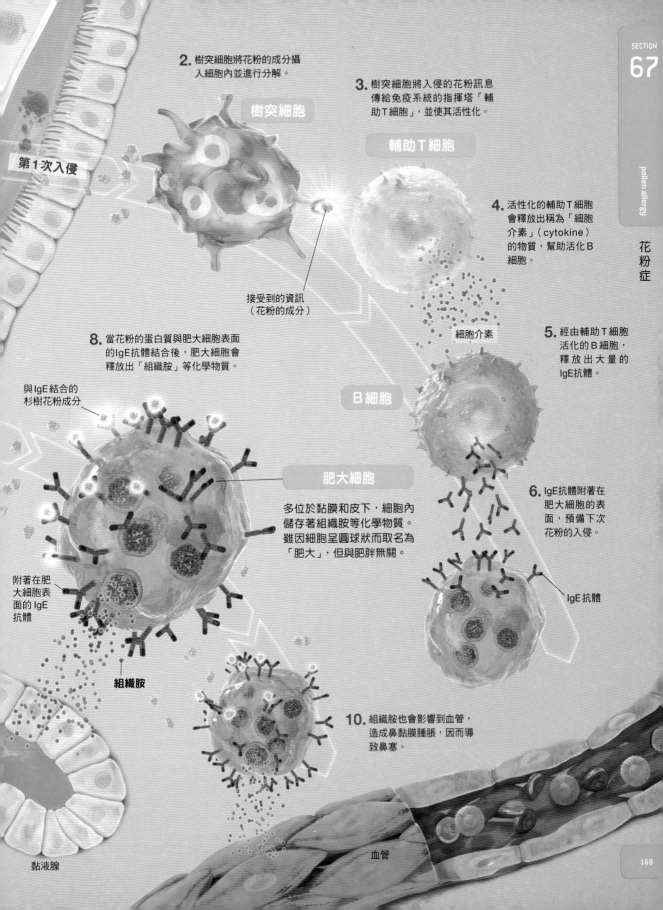

2. 樹突細胞將花粉的成分攝入細胞內並進行分解。

3. 樹突細胞將入侵的花粉訊息傳給免疫系統的指揮塔「輔助T細胞」，並使其活性化。

樹突細胞

輔助T細胞

第1次入侵

4. 活性化的輔助T細胞會釋放出稱為「細胞介素」（cytokine）的物質，幫助活化B細胞。

接受到的資訊（花粉的成分）

細胞介素

8. 當花粉的蛋白質與肥大細胞表面的IgE抗體結合後，肥大細胞會釋放出「組織胺」等化學物質。

5. 經由輔助T細胞活化的B細胞，釋放出大量的IgE抗體。

與IgE結合的杉樹花粉成分

B細胞

肥大細胞

多位於黏膜和皮下，細胞內儲存著組織胺等化學物質。雖因細胞呈圓球狀而取名為「肥大」，但與肥胖無關。

6. IgE抗體附著在肥大細胞的表面，預備下次花粉的入侵。

附著在肥大細胞表面的IgE抗體

IgE抗體

組織胺

10. 組織胺也會影響到血管，造成鼻黏膜腫脹，因而導致鼻塞。

黏液腺

血管

症狀嚴重可能致死的食物過敏

「食物過敏」就是因食物成分引發的過敏，食物過敏的三大原因為蛋、小麥、牛奶。

對身體而言，食物基本上是屬於異物，一旦未完全分解的大分子進入組織，就有可能引發免疫反應。雖然腸道內具有「免疫耐受性」的運作機制能抑制這種免疫反應，不過有可能因為某些原因造成免疫耐受性失去或降低作用，而引發食物過敏的症狀。

當食物過敏發作時，有時會出現全身性的蕁麻疹。這是因為從腸道吸收的食物成分，隨著血液在全身循環的緣故。若症狀變嚴重，接觸食物成分的部位就會產生激烈的反應。例如喉嚨的黏膜腫脹造成呼吸困難，或是血壓下降陷入休克狀態，有時甚至會導致死亡。

1. 腸道吸收
從小腸吸收的食物成分，會經由肝門靜脈（血管）運送到肝臟。

小腸

分解後的食物

靜脈

動脈

專欄 COLUMN　容易引發過敏的食物

圖中列出的七種食物已被認定是病例數最多的「致過敏性內容物」，在日本食品標示法中強制規定須明確標示出訊息。某些具有特定結構的蛋白質，現在也被認為是引起過敏的原因。

麵包（小麥）　蛋　牛奶　甲殼類（例如蝦、螃蟹）

花生　水果　蕎麥

2. 隨著血管循環至全身
食物的成分隨著血液被帶往全身。

難以應付的食物過敏

若只是吃進特定的食物,並不一定會出現過敏的症狀。例如有的人是因為吃完後運動,才開始出現過敏反應。即使吃進相同的東西,有時也會因身體的狀況而有不同的症狀。因此平常幾乎沒有過敏反應的人,也有可能遇到突然嚴重到危及性命的狀況。

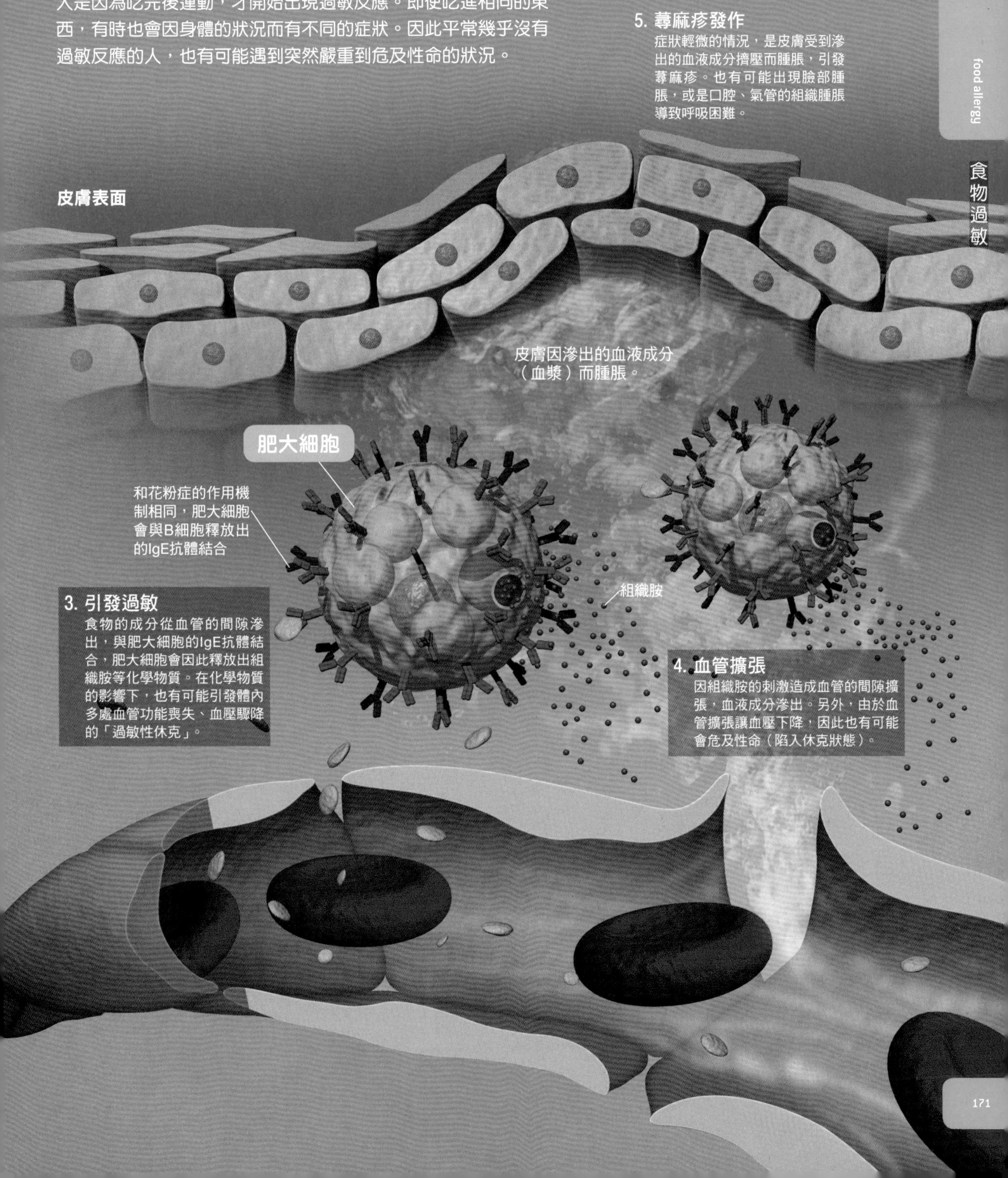

食物過敏

5. 蕁麻疹發作
症狀輕微的情況,是皮膚受到滲出的血液成分擠壓而腫脹,引發蕁麻疹。也有可能出現臉部腫脹,或是口腔、氣管的組織腫脹導致呼吸困難。

皮膚表面

皮膚因滲出的血液成分(血漿)而腫脹。

肥大細胞

和花粉症的作用機制相同,肥大細胞會與B細胞釋放出的IgE抗體結合

組織胺

3. 引發過敏
食物的成分從血管的間隙滲出,與肥大細胞的IgE抗體結合,肥大細胞會因此釋放出組織胺等化學物質。在化學物質的影響下,也有可能引發體內多處血管功能喪失、血壓驟降的「過敏性休克」。

4. 血管擴張
因組織胺的刺激造成血管的間隙擴張,血液成分滲出。另外,由於血管擴張讓血壓下降,因此也有可能會危及性命(陷入休克狀態)。

不會立即反應的金屬過敏

金屬過敏

當 金屬遇到汗水等物，會溶出變成離子（帶電的粒子）。金屬離子很小，雖然無法直接被免疫細胞辨識，但有時會與體內的蛋白質結合。結合後的團塊就會被免疫細胞辨識為異物，就是「金屬過敏」。

花粉症和食物過敏主要是由於肥大細胞產生反應而引發症狀，金屬過敏則是因T細胞而產生反應。兩者反應的時間也不一樣，花粉症和食物過敏會在異物入侵體內的數分鐘到數小時出現反應，而金屬過敏則要到數日後。曾有案例是在牙科治療時於口中填入了金屬物質，一星期後臉部才開始腫脹。

容易引發金屬過敏的金屬有鎳、鉻、鈷、汞等等。雖然有不少人認為銀也是其中之一，但其實不然。銀飾品通常不是純銀而是合金，大多是加上鎳、鉻等金屬混合而成，而這些混合物很容易引發過敏反應。

從金屬溶出的金屬離子

皮膚的細胞

與金屬離子結合的蛋白質

1. 金屬離子與體內的蛋白質結合
因汗水等物溶出的金屬離子入侵體內。金屬離子的結構很小，所以T細胞不會產生反應。一部分的金屬離子會與體內的蛋白質結合。

變成離子進入體內的金屬

即便是對金屬不會過敏的人，金屬也會變成離子入侵體內。但可能因為某種原因導致離子難以與體內的蛋白質結合，T細胞無法辨識所以不會引發反應。

2. T細胞辨識為異物
金屬離子與體內的蛋白質結合後，被T細胞辨識為異物。

T細胞

4. 引發濕疹等症狀

皮膚透過訊號傳遞分子啟動發炎反應，便可能會出現紅腫或是濕疹。接收到訊號傳遞分子後，各種免疫細胞和炎性細胞開始聚集到皮膚。金屬離子和蛋白質最終會被炎性細胞以吸收等方式清除掉。

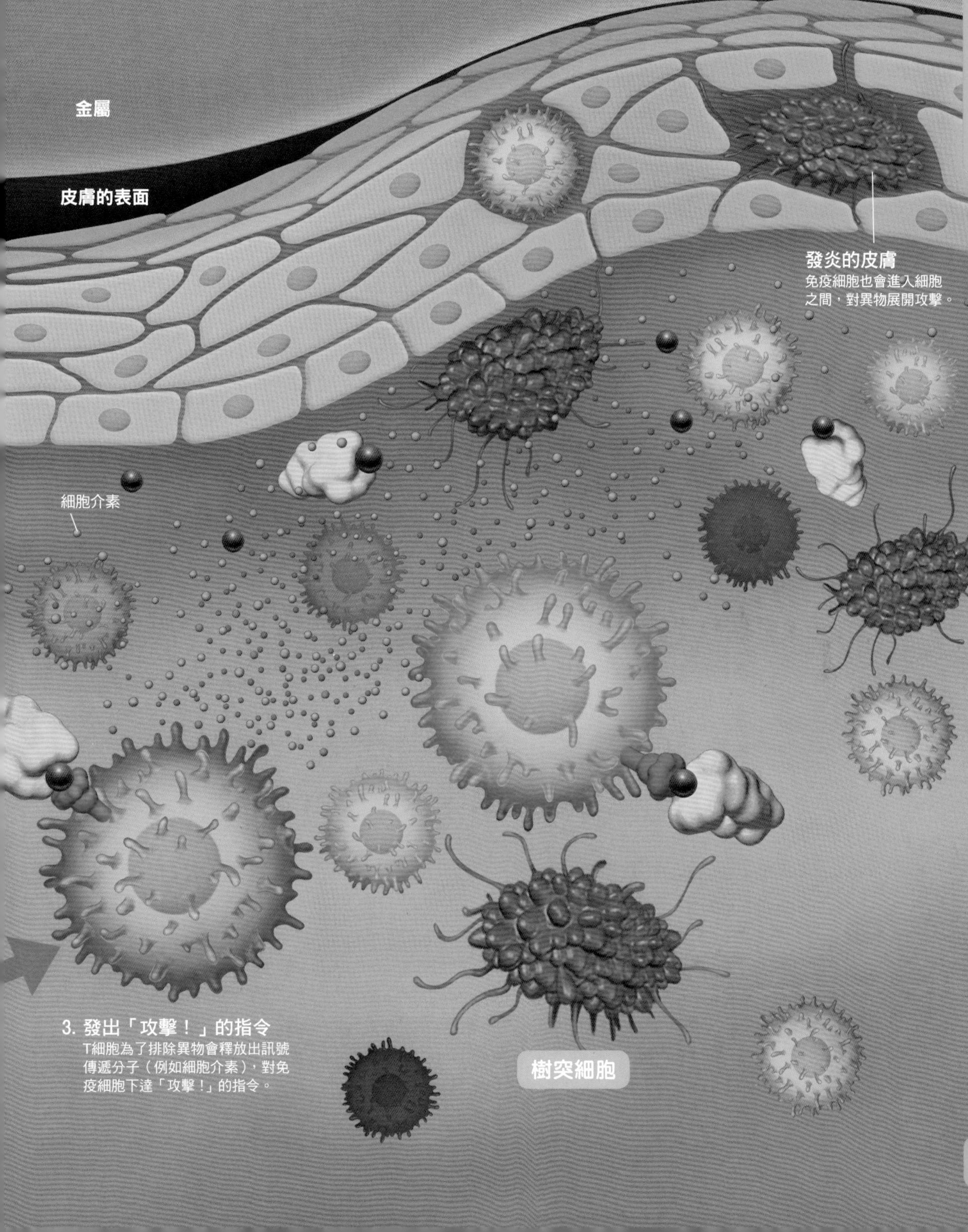

金屬

皮膚的表面

發炎的皮膚
免疫細胞也會進入細胞之間，對異物展開攻擊。

細胞介素

3. 發出「攻擊！」的指令

T細胞為了排除異物會釋放出訊號傳遞分子（例如細胞介素），對免疫細胞下達「攻擊！」的指令。

樹突細胞

研究持續進展的過敏治療

儘管過敏反應與對抗病原體的反應幾乎一樣,但其治療方法並不單純。目前對於過敏的治療,大多是採用緩解症狀的對症療法。例如花粉症,就會以抑制鼻水和眼睛發癢的藥物為處方。這些症狀是由於肥大細胞釋放出組織胺等所引起,因此會選擇阻斷組織胺作用(阻止訊息傳至細胞)的抗組織胺為治療藥物。雖然過敏本身無法根治,但服用藥物可以抑制症狀。

對於氣管收縮導致呼吸困難的

氣喘,則是採用支氣管擴張劑或是抑制炎症的吸入型類固醇。類固醇具有抑制免疫細胞活化,以及制止刺激物質分泌的作用。雖然抑制免疫細胞活化常給人危險的印象,但只要適當的用藥,就是既安全又有效的藥物。

至於重度氣喘的患者,也有控制過敏反應的藥物。這款名為「Omalizumab」的藥,據說能減少血液中引起過敏反應的IgE抗體。由於並非阻斷IgE抗體的生成,因此必須定期投藥才行。

利用免疫耐受性的減敏療法

人體內存在著一種「免疫耐受性」機制,就是即便對異物產生反應也不會攻擊自己身體。因為這個機制很複雜,至今尚未完全闡明,但一般認為與「調節T細胞」有關,而調節T細胞也是唯一能抑制免疫細胞作用的細胞。

目前已知當過敏原累積到一定程度的量,或是持續不斷地進入

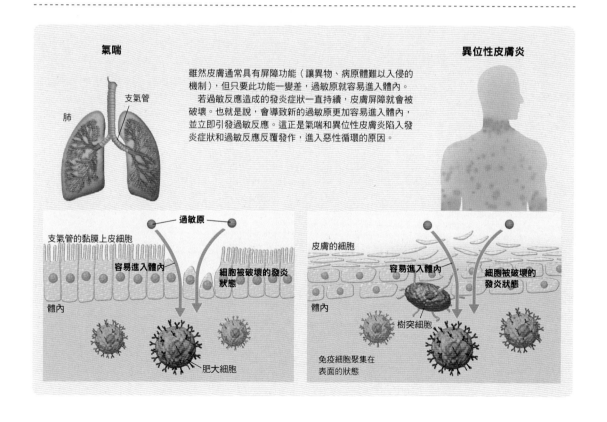

氣喘

肺
支氣管

異位性皮膚炎

雖然皮膚通常具有屏障功能(讓異物、病原體難以入侵的機制),但只要此功能一變差,過敏原就容易進入體內。
若過敏反應造成的發炎症狀一直持續,皮膚屏障就會被破壞。也就是說,會導致新的過敏原更加容易進入體內,並立即引發過敏反應。這正是氣喘和異位性皮膚炎陷入發炎症狀和過敏反應反覆發作,進入惡性循環的原因。

支氣管的黏膜上皮細胞
過敏原
容易進入體內
細胞被破壞的發炎狀態
體內
肥大細胞

皮膚的細胞
容易進入體內
細胞被破壞的發炎狀態
體內
樹突細胞
免疫細胞聚集在表面的狀態

體內時，調節 T 細胞就會增生，並引起免疫耐受性。利用這個機制的過敏治療法稱為「減敏療法」。減敏療法當中有少量持續注射過敏原的「皮下免疫療法」，以及從舌下少量持續吸收過敏原的「舌下免疫療法」。

減敏療法需要 2 年左右的治療期，而且並非對所有人都有效。此外將過敏原置入體內，也有可能會造成過敏性休克等嚴重的過敏症狀，因此必須在醫院才能安全謹慎地進行該項治療。

少量持續攝取食物的口服免疫療法

食物過敏有所謂「口服免疫療法」，為減敏療法的一種。透過在短期內少量持續攝取會引發過敏的食物，以增加患者對該食物的耐受性。不過研究結果顯示，效果會因過敏原的不同而有所差異，大多數對蛋過敏的患者，最後都變得可以吃蛋，但對花生過敏的患者則成效不彰。而且口服免疫療法也可能引發強烈的過敏反應，因此同樣必須在專科醫師的指示以及萬全的體制下進行。

治療過敏症狀的藥物

抗組織胺
【使用例】花粉症之類的過敏（口服藥、眼藥等）
【作用】透過抑制肥大細胞釋放出的化學物質「組織胺」的作用，緩解因組織胺造成的流鼻水、眼睛發癢、蕁麻疹等症狀。

抗過敏劑
【使用例】各種過敏
【作用】抑制氣管周圍的肌肉收縮，或是制止組織胺等會誘發過敏症狀的物質運作，以達到緩解症狀的目的。

類固醇
【使用例】氣喘（吸入式）、異位性皮膚炎（軟膏）等
【作用】將腎上腺分泌的「類固醇激素」以人工的方式合成。藉由抑制免疫細胞的活化、阻止血管擴張，來緩解過敏等炎症。

強心劑
【使用例】為了給重度食物過敏、有被蜜蜂螫過的人使用，所以備有能自行注射的強心劑（因為若延遲治療會危及性命）
【作用】藉由腎上腺素（epinephrine）刺激交感神經，讓血壓上升。

平時的作用

結束和病原體的抗戰
當細菌和病毒被驅除後，抑制免疫細胞的活化。

抑制攻擊自己身體的細胞
抑制將正常細胞誤認為敵人的免疫細胞活化。

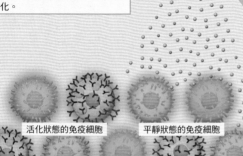

活化狀態的免疫細胞　　平靜狀態的免疫細胞

調節 T 細胞
具有抑制免疫細胞活化的作用。一般會在與細菌的抗戰結束後，或是當免疫細胞將正常的細胞誤認為敵人時啟動。

如何緩解過敏？

持續攝取過敏原
當過敏原持續攝入體內到一定程度的量，針對該過敏原的調節T細胞就會增生，進而抑制引發過敏的免疫細胞活化。不過在治療過程中，會有出現嚴重過敏反應的風險。

施打疫苗
目前緩解花粉症的疫苗仍持續在研發中。藉由施打仿照過敏原結構製成的疫苗到體內，能阻止過敏反應並讓調節T細胞增生。

過敏的原因是由於過度乾淨的環境？

先進國家的過敏人口在近50～60年間急速地增加，而獲得最多人贊同的推論是「衛生假說」（hygiene hypothesis）。這是由英國流行病學家斯特羅恩（David Strachan）調查後所提出的學說，他主張「由於先進國家的衛生狀態改善，感染病原體的機會減少，因而導致過敏增加」。若以前東德和前西德來做比較，衛生狀態完善的前西德過敏人口較多；幼兒時期在容易細菌感染的環境下成長的兒童，或是手足間感染機會較多的第三個孩子，也都較少出現過敏症狀。在多數的流行病學調查中也都支持這個學說。

但衛生狀態良好跟過敏有何關聯呢？因為免疫系統是在「為排除病原體的T細胞（Th1細胞）」，以及「引發過敏的T細胞（Th2細胞）」相互平衡下才能構成（詳細的運作機制請參照右圖）。感染病原體的機會多的話，Th1細胞就會增加。但若衛生狀態良好，感染機會降低致使Th1細胞減少，Th2細胞就會相對地增加，亦即容易引發過敏的原因。此外也已經得知，若在幼兒時期有許多細菌或病毒進入體內，會變成較容易分化成Th1細胞的體質，反之則是容易分化成Th2細胞的體質。

除此之外，過敏增加的原因還有「過敏原增加」、「因空氣污染物使得身體容易對異物引發過敏的反應」、「平常攝取的許多食物（例如肉、養殖魚類）中含有抗生素，因此變得不容易得到傳染病」等等。

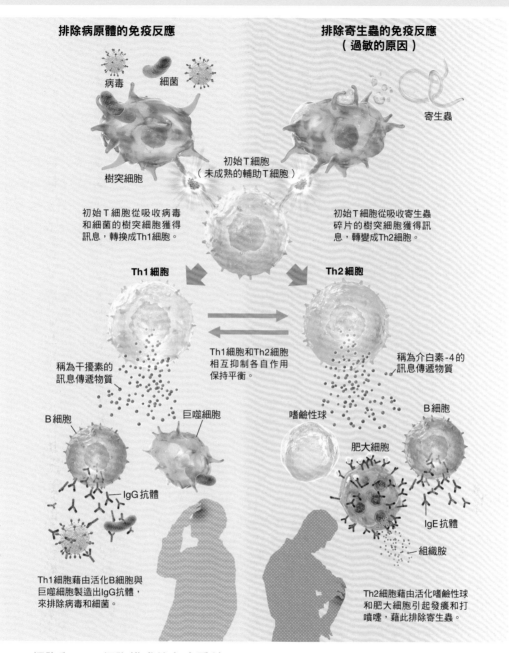

排除病原體的免疫反應

病毒　細菌

樹突細胞

初始T細胞
（未成熟的輔助T細胞）

初始T細胞從吸收病毒
和細菌的樹突細胞獲得
訊息，轉換成Th1細胞。

排除寄生蟲的免疫反應
（過敏的原因）

寄生蟲

初始T細胞從吸收寄生蟲
碎片的樹突細胞獲得訊
息，轉變成Th2細胞。

Th1細胞

Th2細胞

稱為干擾素的
訊息傳遞物質

Th1細胞和Th2細胞
相互抑制各自作用
保持平衡。

稱為介白素-4的
訊息傳遞物質

B細胞

巨噬細胞

嗜鹼性球

肥大細胞

B細胞

IgG抗體

IgE抗體

組織胺

Th1細胞藉由活化B細胞與
巨噬細胞製造出IgG抗體，
來排除病毒和細菌。

Th2細胞藉由活化嗜鹼性球
和肥大細胞引起發癢和打
噴嚏，藉此排除寄生蟲。

由 Th1 細胞和 Th2 細胞構成的免疫系統

細菌和病毒是由樹突細胞、巨噬細胞等吞噬細胞來負責排除，這樣的反應稱為「非特異性免疫反應」，此時的指揮塔是Th1細胞。但上述的反應並不適用於寄生蟲，因為寄生蟲的體積比細菌、病毒、吞噬細胞都要大上許多，所以免疫細胞會採取不一樣的「戰略」：先釋放出組織胺等化學物質，促使鼻中的黏液大量分泌或是引起激烈的發癢症狀。如此一來，寄生蟲卵就會隨著鼻水或眼淚流出，或是透過搔抓皮膚撢落寄生蟲。該反應稱為「特異性免疫反應」，此時的指揮塔是Th2細胞。

　　由Th2細胞主導的免疫反應，原本就是對抗寄生蟲入侵時的防禦機制，但花粉、塵蟎屍骸之類的異物卻會造成Th2細胞的「誤判」，進而引起惱人的發癢、打噴嚏等過敏反應。

看似相同實則不同的病毒和細菌

疾病主要是由細菌和病毒等病原體所引起，兩者很容易被當成相似的事物，但兩者其實構造和性質大不相同。「細菌」（bacteria）是僅僅 1～數微米（1 微米等於 1000 分之 1 毫米）的原核生物[※]，具有自我增殖的能力。因細菌引起的傳染病有肺結核、霍亂、腸道出血性大腸桿菌感染症（如 O-157 大腸桿菌）等等，同時也有像是乳酸桿菌、比菲德氏菌之類對人體有益的細菌。

而「病毒」（virus）只有細菌的數百分之 1～10 分之 1 的大小，內有 DNA 或 RNA 等遺傳訊息，外有蛋白質殼（殼體）或脂質膜（套膜）包裹著。病毒的種類多元，有造成喉嚨痛和發燒的流感病毒、引起腹瀉的諾羅病毒等等。病毒並無法獨自增殖，必須在生物的細胞內才能進行繁殖。

※：相對於人類、植物是細胞內含有細胞核（DNA 被包裹在核膜中）的真核生物，細菌等原核生物的細胞內則不含細胞核（DNA 裸露在細胞質中）。

病毒和細菌大不同

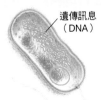

約 1～數微米

遺傳訊息（DNA）

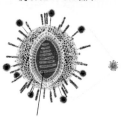

約 0.02～0.3 微米

遺傳訊息（RNA 或 DNA）

細菌	病毒
・具有細胞的構造。	・不具細胞的構造。
・以細胞分裂的方式進行增殖。	・無法自行繁殖，必須進入其他的細胞內複製遺傳訊息。
・抗生素有效（給予適當種類抗生素的情況）。	・抗生素無效。

殼體

諾羅病毒
會引發腹瀉、嘔吐等症狀。具有 RNA，周圍覆蓋著正 20 面體的殼體。大小為 40 奈米（1 奈米為 10 億分之 1 公尺）。

登革熱病毒
「登革熱」的病原體分布在東南亞地區及中南美洲。直徑約 50 奈米，主要傳播的病媒蚊為斑蚊屬的埃及斑蚊。

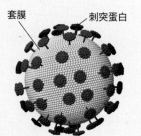

套膜　　　刺突蛋白

HIV（人類免疫不全症病毒）
造成愛滋病的病毒。具有 RNA，正 20 面體的殼體周圍覆蓋著套膜。

構造單純的病毒

相較於具有細胞構造的細菌，病毒只有基因及蛋白質形成的殼或脂質的膜。此外，根據國際病毒分類委員會（International Committee on Taxonomy of Viruses）的資料，登錄的病毒約有6000種以上（至2020年6月為止），其中光是造成普通感冒原因的病毒就有200多種。

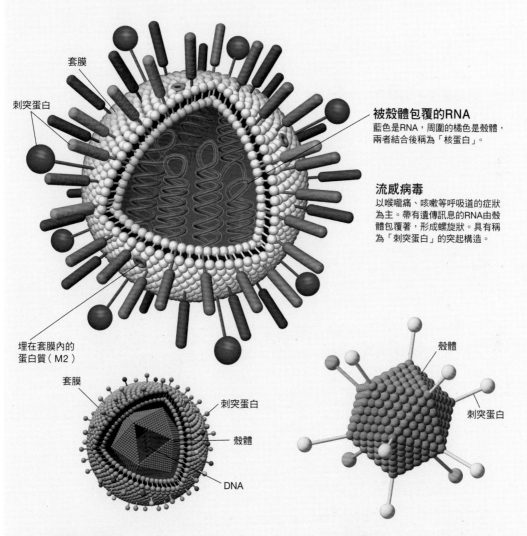

套膜

刺突蛋白

被殼體包覆的RNA
藍色是RNA，周圍的橘色是殼體，兩者結合後稱為「核蛋白」。

流感病毒
以喉嚨痛、咳嗽等呼吸道的症狀為主。帶有遺傳訊息的RNA由殼體包覆著，形成螺旋狀。具有稱為「刺突蛋白」的突起構造。

埋在套膜內的
蛋白質（M2）

套膜

刺突蛋白

殼體

DNA

殼體

刺突蛋白

B型肝炎病毒
肝臟受到感染後細胞遭到破壞，繼而引發肝炎，是造成肝硬化和肝癌的原因，全世界每年約有100萬人因此而死亡。引發肝炎的病毒有好幾種，但其中擁有DNA的只有B型肝炎病毒（其他皆為RNA）。DNA的周圍環繞著正20面體的殼體，殼體的外側則覆蓋著套膜。

腺病毒
普通感冒的成因之一。出現喉嚨痛、咳嗽等呼吸道的症狀，部分類型還可能引發嬰幼兒的腸胃炎，造成腹瀉。腺病毒具有DNA，周圍覆蓋著正20面體的殼體。

罹患流行性感冒時體內會產生什麼樣的變化？

因病毒而引起的疾病之一就是「流行性感冒」。病毒隨著感染患者的噴嚏或咳嗽飛散出去後飄浮在空氣中，接著再入侵其他人的口鼻。當病毒感染喉嚨或鼻子的細胞後，便會利用細胞增殖的系統大量繁殖。

感染流行性感冒最令人擔心的症狀是發生「流行性感冒腦病變」（Influenza associated encephalopathy，IAE），尤其好發於 6 歲以

24小時可增加100萬倍

入侵體內的流感病毒在進入細胞後即開始繁殖，據說 1 個流感病毒可於24小時增加到100萬個之多。受病毒利用的細胞，最終會消耗殆盡壞死。當喉嚨的細胞被破壞，就會感覺到喉嚨痛；若是氣管或支氣管的細胞的話，就會想要咳嗽或咳痰。

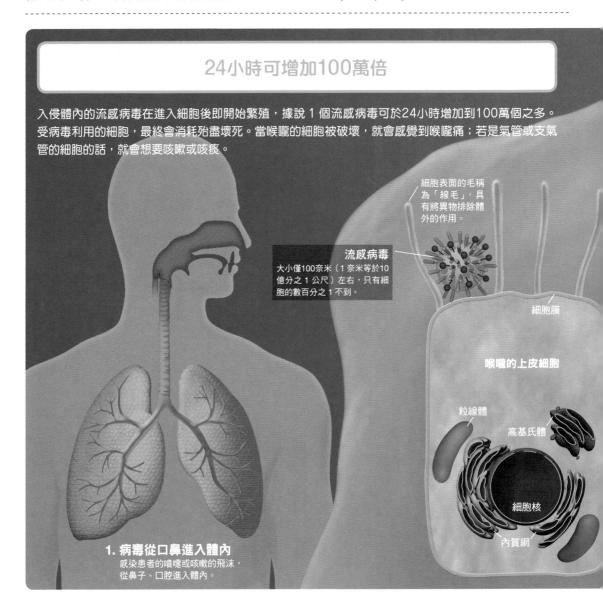

細胞表面的毛稱為「線毛」，具有將異物排除體外的作用。

流感病毒
大小僅100奈米（1 奈米等於10億分之 1 公尺）左右，只有細胞的數百分之 1 不到。

細胞膜

喉嚨的上皮細胞

粒線體

高基氏體

細胞核

內質網

1. 病毒從口鼻進入體內
感染患者的噴嚏或咳嗽的飛沫，從鼻子、口腔進入體內。

下的幼童。患者會出現奇怪的言行、意識不清、痙攣等症狀，嚴重的話甚至會造成後遺症。雖然病名為「腦病變」，但並非腦部細胞遭到病毒的感染。致病的機制尚未完全闡明，可能是免疫細胞為了要消滅病毒而分泌過量的細胞介素所導致。

　　至於治療流感的藥物常見的有「克流感」（Tamiflu）、「瑞樂沙」（Relenza），這些藥物透過阻止病毒從感染的細胞中釋出，以達

到及早改善症狀的目的。此外，還有阻撓病毒RNA複製的「法匹拉韋」（Favipiravir，商品名Avigan），以及抑制病毒RNA複製、減少合成病毒原料的「紓伏效」（Xofluza）等抗病毒藥物。

＊「Tamiflu」是瑞士羅氏藥廠、「Relenza」是英國葛蘭素史克藥廠、「Avigan」是富士軟片旗下的富山化學工業株式會社、「Xofluza」是塩野義製藥株式會社的註冊商標。

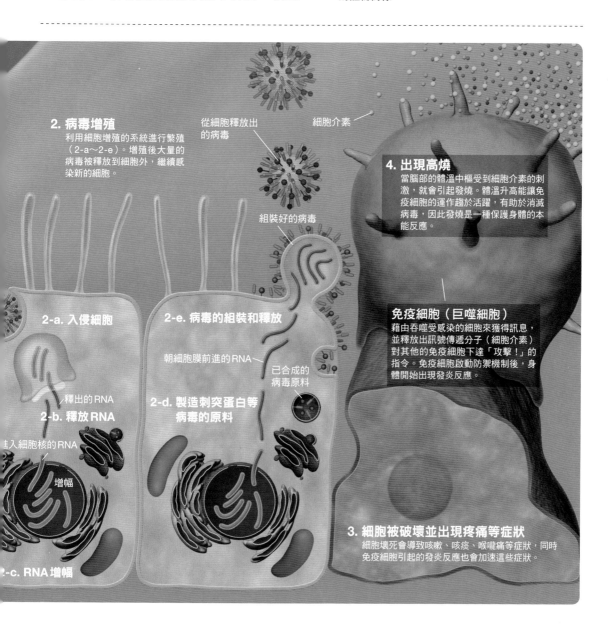

2. 病毒增殖
利用細胞增殖的系統進行繁殖（2-a～2-e）。增殖後大量的病毒被釋放到細胞外，繼續感染新的細胞。

從細胞釋放出的病毒

細胞介素

組裝好的病毒

4. 出現高燒
當腦部的體溫中樞受到細胞介素的刺激，就會引起發燒。體溫升高能讓免疫細胞的運作趨於活躍，有助於消滅病毒，因此發燒是一種保護身體的本能反應。

2-a. 入侵細胞

2-e. 病毒的組裝和釋放

朝細胞膜前進的RNA

已合成的病毒原料

免疫細胞（巨噬細胞）
藉由吞噬受感染的細胞來獲得訊息，並釋放出訊號傳遞分子（細胞介素）對其他的免疫細胞下達「攻擊！」的指令。免疫細胞啟動防禦機制後，身體開始出現發炎反應。

釋出的RNA

2-b. 釋放RNA

進入細胞核的RNA

增幅

2-d. 製造刺突蛋白等病毒的原料

3. 細胞被破壞並出現疼痛等症狀
細胞壞死會導致咳嗽、咳痰、喉嚨痛等症狀，同時免疫細胞引起的發炎反應也會加速這些症狀。

2-c. RNA增幅

入侵小腸趁機作亂的諾羅病毒

「**諾**羅病毒」會引發食物中毒或傳染性腸胃炎，造成嘔吐、腹瀉等症狀。具有高度的傳染力，甚至只因地板上殘留了極少量的嘔吐物，乾燥後當中的病毒飛散到空氣中，就導致許多人吸入病毒而感染。

　　流感病毒之類的病毒，大多會被胃中的強酸性消化液破壞而失去傳染力。但是像諾羅病毒這類不具套膜（病毒外側的殼）的病毒，多數都能躲過胃液的攻擊，並入侵至小腸的細胞。諾羅病毒奪取的細胞受損後，變得無法吸收養分和水分，因此會引起腹瀉的症狀。

　　腹瀉的排出物中亦含有許多病毒。諾羅病毒隨著馬桶流入下水道後，從河川匯入大海。接著由牡蠣等雙殼貝類吸收濃縮，導致生食這些貝類的人受到感染。

　　感染後大多數人約 2 天就能恢復，但高齡者和嬰幼兒可能會因脫水等症狀而演變成重症，必須多加注意。

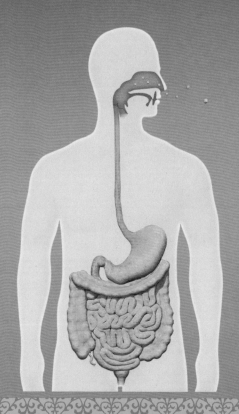

1. 病毒通過胃部進入腸道
由於諾羅病毒不具套膜，所以大部分的病毒能通過胃部，抵達感染部位的腸道。

專欄 COLUMN　酒精消毒效果不佳的諾羅病毒

消毒用的酒精會破壞套膜，因此對於具有套膜的流感病毒等相當有效。雖然酒精對不具套膜的諾羅病毒也有效，但效果較差。像這類型的病毒，洗手才是最有效的方法。縱然肥皂本身幾乎不具對抗病毒的功能，但用水沖洗的動作，對於預防感染有很大的作用。若感染者的嘔吐物、糞便沾到地板或衣物時，使用氯系漂白劑（次氯酸鈉）或以85℃（煮沸或用熨斗）加熱 1 分鐘即可消毒。

＊直接用手接觸氯系漂白劑容易造成危險，使用時須小心處理。

具高度傳染力的諾羅病毒

食用受到病毒汙染的牡蠣等雙殼貝類，或是碰觸到感染者的嘔吐物和排泄物，都會染上諾羅病毒。在食物中毒事件中排名第一和第二的，就是諾羅病毒和曲狀桿菌（細菌）。

3. 引發腹瀉
釋出病毒的細胞最終會壞死。當壞死的細胞增加，便無法再進行水分、糖分的吸收。於是水分、糖分會隨著大量的病毒，以腹瀉的方式排出體外。

2. 感染小腸細胞並進行增殖
諾羅病毒感染小腸細胞後（感染的機制尚未釐清），會在細胞內製造出大量的病毒，並釋放到細胞外。

平時是由腸道的上皮細胞
負責吸收糖分和水分。

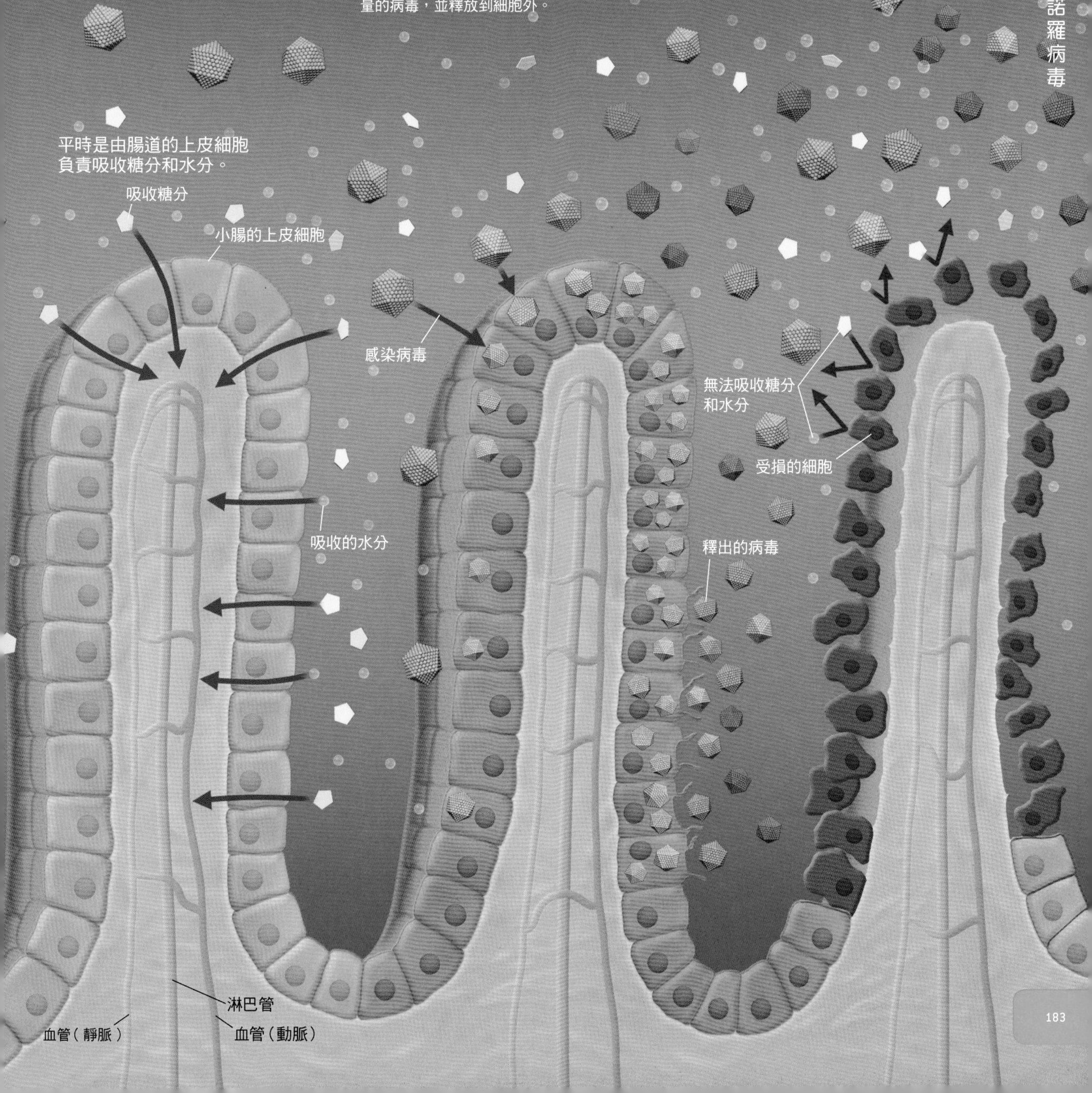

吸收糖分

小腸的上皮細胞

感染病毒

無法吸收糖分
和水分

吸收的水分

受損的細胞

釋出的病毒

淋巴管

血管（靜脈）

血管（動脈）

183

逐步破壞免疫系統的 HIV·HTLV-1

有些病毒會在潛伏數年～數十年後才出現症狀，「HIV」（human immunodeficiency virus，人類免疫不全症病毒）就是其中一種。雖然感染HIV後會馬上（2～8週後）出現類似感冒的症狀，但多數的情況是數年都毫無症狀。HIV會感染免疫細胞中的輔助T細胞（淋巴球），由於保護身體抵抗病原體的淋巴球逐漸減少，因此對抗病原體的能力便慢慢消失。接著開始出現發燒、慢性倦怠感等症狀，發病成為「愛滋病」（acquired immune deficiency syndrome，後天性免疫不全症候群），原本不會造成生病的病原體也變得容易侵犯人體。

「HTLV-1」（human T-lymphotropic virus 1，人類嗜T淋巴球病毒第一型）病毒同樣也是感染輔助T細胞，並進而導致癌症。細胞感染後會與病毒的DNA結合，在數十年後引發白血病（成人T細胞白血病：ATL）。

無論是和HIV還是HTLV-1的感染者一同泡澡、接吻都不會被傳染，HIV通常是透過性行為而傳染，HTLV-1則是以母子垂直感染（例如母乳）居多。

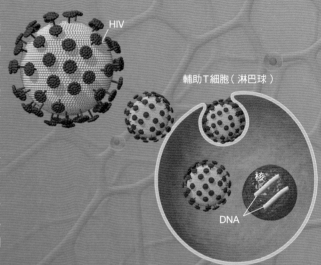

1. 感染 HIV
HIV是帶RNA的病毒，會感染輔助T細胞。

輔助T細胞（淋巴球）

核

DNA

HIV

HTLV-1

輔助T細胞（淋巴球）

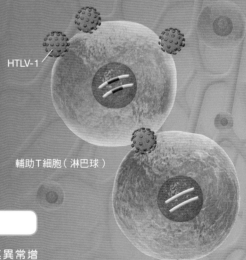

1. 感染 HTLV-1
HTLV-1只能利用感染後的輔助T細胞接觸其他輔助T細胞的方式來感染，至於病毒在細胞之間的傳遞方式則有諸多不同的說法。

HIV	HTLV-1
體內1日約能製造出10億～100億個HIV病毒，遭到感染的輔助T細胞會逐漸毀損。為了彌補損失的量（維持免疫系統），體內會加快速度生成新的輔助T細胞。但經年累月當生產量遠遠不及失去的量，免疫系統就會喪失功能。	感染輔助T細胞，使其異常增殖，不正常增生的輔助T細胞會由正常的免疫細胞去除。然而當無法去除、異常增殖的情況又不斷重複時，就會導致癌症（白血病）。大約只有5%的HTLV-1患者會引發白血病，大部分的人終生都不會有症狀。

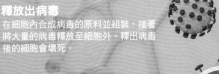

3. 釋放出病毒
在細胞內合成病毒的原料並組裝，接著
將大量的病毒釋放至細胞外。釋出病毒
後的細胞會壞死。

4. 免疫系統出現異常
當輔助T細胞大量壞死、
數量變少，會導致免疫系
統出現異常，容易受到病
原體的感染（愛滋病）。

A
└ RNA

RNA轉換成
DNA

IA

變成雙股DNA

來自於病毒
的DNA

合成後的RNA

毀壞的輔助T細胞

2. RNA與DNA結合
病毒釋放出RNA。RNA轉換成DNA後，
與感染細胞結合。

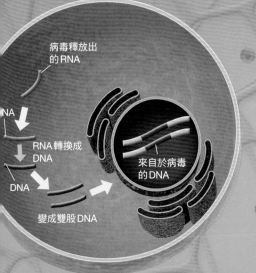

病毒釋放出
的RNA

NA

RNA轉換成
DNA

DNA

變成雙股DNA

來自於病毒
的DNA

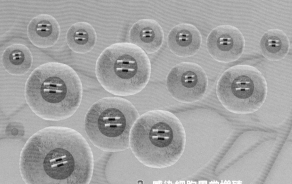

3. 感染細胞異常增殖
與DNA結合的輔助T細胞會異常地增殖。
因不正常增殖而喪失功能的細胞雖然會被
免疫系統去除掉，但當無法及時去除時就
會引發癌症。

2. RNA與DNA結合
病毒釋放出RNA。RNA轉換成DNA後，
與感染細胞結合。

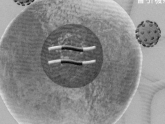

遭到感染的輔助T細胞會將病毒
再傳染給其他細胞。

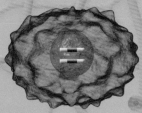

當異常增殖不斷地重複
就會導致癌症。

將入侵體內的細菌殲滅的抗生素

若喉嚨痛或咳嗽到醫院看診，有時領到的藥物中就有「抗生素」（抗菌劑[※]）。抗生素是由微生物所製造出來的物質，具有抑制其他微生物或癌細胞增殖的作用。對於結核病、肺炎、腦膜炎等存在致命風險的細菌傳染病，抗生素在治療上可說是不可或缺的重要藥物。

使用抗生素的目的，是為了消滅入侵我們體內的細菌。但若連其他的細胞也殺死的話，可說是得不償失。因此抗生素的運作機制是針對細菌特有而人類細胞沒有的部分予以攻擊，避免對人體造成重大的危害（但會有一定的副作用）。例如稱為「β-內醯胺抗生素」（Beta-lactam antibiotic）的抗生素，就是透過抑制製造細菌細胞壁所需的酵素來阻止細菌增殖。

※：嚴格來說，以化學合成方法製造的抗菌劑不算是抗生素。

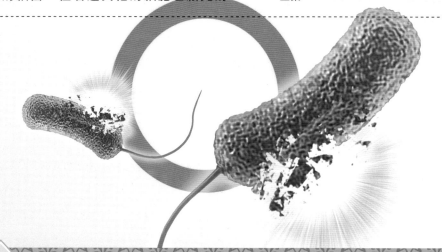

專欄 COLUMN　從青黴菌中發現的抗生素

最早的抗生素是1928年由英國的微生物學家弗萊明（Alexander Fleming，1881～1955）偶然發現的。弗萊明在培養金黃色葡萄球菌時，誤將青黴菌混入了容器內，沒想到青黴菌的周圍出現了一塊細菌無法生存的區域。發現此現象的弗萊明認為青黴菌能製造出某種抑制細菌生存的物質，並將該物質取名為「青黴素」（又稱盤尼西林）。青黴素約從1943年開始作為藥物使用，能治療多種由細菌感染所引起、以前束手無策的疾病，成為拯救無數生命的「奇蹟之藥」。青黴素名列20世紀最偉大的發現之一。

＊郵票上的弗萊明畫像（幾內亞比索共和國）

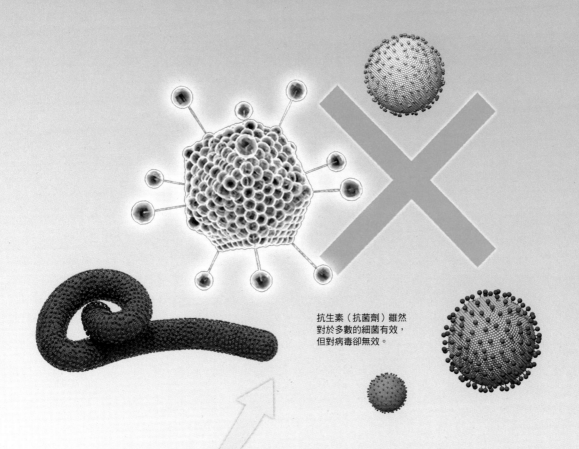

抗生素（抗菌劑）雖然
對於多數的細菌有效，
但對病毒卻無效。

抑制細菌製造細胞壁	・β - 內醯胺抗生素 青黴素類、頭孢菌素類、 碳青黴烯類等 ・糖肽類
抑制細菌製造蛋白質	・四環素類 ・巨環內酯類 ・胺基糖苷類　等
抑制細菌複製 DNA	・喹啉酮類　等

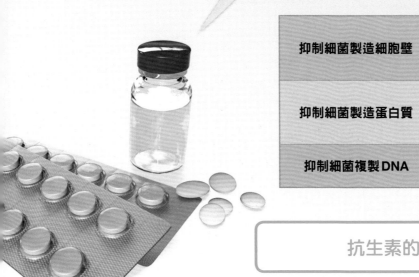

抗生素的主要作用

抗生素的作用機制可大致分成三類（上圖）：分別為「在細菌分裂
之際抑制細胞壁形成」、「讓細菌無法製造蛋白質」、「抑制DNA
複製」。目前在日本國內使用的抗生素據說有100種以上。

抗生素無效的
抗藥性細菌

若未依據狀況選用適當的抗生素是毫無意義的，甚至會因為非必要的濫用，導致抗生素無效的「抗藥性細菌」散播，有時也可能為我們帶來極大的不利結果。

抗藥性細菌為何會出現、又是如何擴散開來的呢？每個細菌的個體都有自己的「特色」，DNA所攜帶的遺傳訊息也都有些微的不同。在這當中，就存在著某種對抗生素毫無反應的細菌。同時，細胞在分裂時，會有一定的機率會發生DNA的複製錯誤（突變），因此隨時有可能出現新型態的細菌。

在自然界中就算偶爾出現具抗藥性的個體，但因為環境不利於生存，僅佔少數而無法取得競爭優勢。可是醫院等大量使用抗生素的地方就成了絕對有利的環境，會因此而大量地增殖。

至今已開發出多種抗生素，但多數在引進使用的幾年內就會發現抗藥性細菌。此外，由於在醫院等場所經常大量地使用多種抗生素，因此也出現了對多種藥物具有抗性的「多重抗藥性細菌」。

不論國內外，農業跟畜牧業都盛行使用抗生素（這些合計的部分超過醫療用），因而造成抗藥性細菌傳播的問題。另外也指出從這些產生對人有抗藥性的病原菌傳播開來的可能性。

不斷出現的抗藥性細菌

無論是我們的周遭還是體內，都存在著各種弱毒性的病原菌。大部分的抗藥性細菌，就是從這些病原菌中取得抗生素抗性（對藥物有抵抗力而能繼續生存的特性）。醫院為了治療疾病會使用許多抗生素，因此是容易出現抗藥性細菌的地方。

自然界的病原菌

具抗藥性的細菌
（紅色）

細菌的數量時增時減

具抗藥性的細菌
仍屬少數

＋ HOSPITAL

抗生素

患者

具抗藥性的細菌存活
下來並逐漸增生

病原菌留下具抗藥性的
細菌（紅色）後滅亡

抗藥性細菌的運作機制

自然界中存在著極少數的抗藥性細菌，雖然會因環境的變化造成細菌數量的增減，但由於抗藥性細菌在生存上並非特別有利，因此僅屬於少數。而醫院內則因抗生素造成只有具抗藥性的細菌能存活，而讓其他的細菌滅絕，結果就是讓抗藥性細菌更佔優勢。

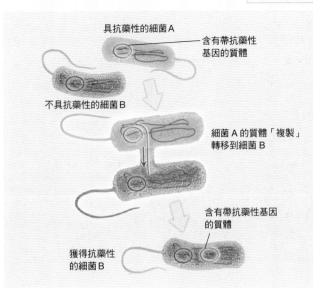

具抗藥性的細菌 A

含有帶抗藥性
基因的質體

不具抗藥性的細菌 B

細菌 A 的質體「複製」
轉移到細菌 B

含有帶抗藥性基因
的質體

獲得抗藥性
的細菌 B

水平基因轉移

抗藥性細菌的可怕之處，在於難以對付的性質會不斷地蔓延開來。當細菌在人類或動物的體內彼此交會時會轉移「質體」（小型的環狀DNA），若此時轉移的質體含有帶抗藥性的基因，則得到質體的細菌也會獲得抗藥性。這個現象稱為「水平基因轉移」，據說在不同種類的細菌之間也會發生。

＊插圖中已將運作機制簡略化。

抗病毒藥是依據各個病毒開發而成

抗生素對多數的細菌有效,但對病毒卻無效,因為抗生素是針對細菌特有的成分產生作用。

「抗病毒藥」即用來對付病毒的藥物,多數的抗病毒藥是透過妨礙病毒的增殖過程來抑制症狀。另外,由於病毒的增殖方式各有不同,因此必須針對個別的病毒服用不同的藥物(抗病毒藥)。

要完全去除病毒並同時預防感染並非容易之事,因為病毒會巧妙地利用人體細胞的系統隱藏其中,在不傷害細胞的情況下只針對病毒做攻擊是有難度的。而且病毒本身還會稍微改變結構不斷地進化,這也是其中一個原因。

至於HTLV-1病毒,由於大部分的人在感染後終生皆無症狀,所以並沒有開發這項疾病的抗病毒藥。但是對於成人T細胞白血病(ATL)的患者,則會採用骨髓移植等方式進行治療。

各種抗病毒藥

多數的抗病毒藥是利用干擾病毒的增殖過程來減緩症狀。例如HIV的抗病毒藥,會阻礙細胞內病毒DNA的複製,以及減少合成病毒的原料。

1. 抑制病毒吸附細胞

呼吸道融合病毒 RSV
(針對病毒表面特定蛋白質的抗體)
商品名:Synagis
(中文名:西那吉斯)

2. 抑制 DNA 或 RNA 的合成

HIV(反轉錄酶抑制劑)
簡稱:AZT、3TC、ABC、TDF、FTC、NVP、EFV

疱疹(DNA聚合酶抑制劑)
商品名:Zovirax(中文名:熱威樂素)、Valtrex(中文名:袪疹易錠)

B型肝炎(反轉錄酶抑制劑)
簡稱:3TC(Lamivudine)

4. 抑制從細胞中釋出

流行性感冒
(神經胺酸酶抑制劑)
商品名:Tamiflu
(中文名:克流感)、Relenza
(中文名:瑞樂沙)

由於病毒會在體內大量製造,因此必須在48小時內服用抗流感病毒藥物,否則效果不佳。在容易急速惡化的流感病毒性腦病變的治療上更是分秒必爭,若有感染疑慮請立即就醫。

3. 抑制蛋白質的合成

HIV
(蛋白酶抑制劑)
簡稱:DRV、ATV、LPV/r、FPV

每年都需接種流感疫苗是為了要因應病毒的進化。對抗病毒的戰爭，其實也是新藥開發之間的攻防。

東歐、中亞
170 萬人

西歐、中歐、北美
220 萬人

中東、北非
24 萬人

亞太地區
590 萬人

加勒比海沿岸
34 萬人

西非、中非
500 萬人

東非、南非
2060 萬人

拉丁美洲
190 萬人

愛滋病毒感染者的人數推估（根據2018年UNAIDS／WHO的資料）

即使是給人不治之症印象的HIV，如今也開發出許多新藥，能抑制愛滋病發病並延長壽命。但目前仍沒有辦法完全從體內去除潛藏在感染細胞內的病毒，因此必須終生服用多種藥物。

疫苗可以預防
症狀惡化

預防因病毒感染引起嚴重症狀的方法之一，就是接種疫苗（預防接種）。「疫苗」（vaccine）指的是弱化病原體或是病原體毒性後的成分。接種疫苗後，免疫系統就能產生抗體做好準備。如此一來當病原體入侵身體時，免疫系統即可順利地運作並

病毒疫苗的製造方法

培養細胞

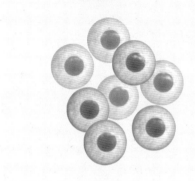

例）
小兒麻痺：非洲綠猴腎細胞
德國麻疹：兔腎細胞
麻疹：雞胚細胞
流行性腮腺炎：雞胚細胞

利用活細胞的製造方法。由於其方便性，所以其他疫苗也都開始改以這種方法製造。細胞繁殖的容易度，則依病毒的不同而有差異。

鼠腦

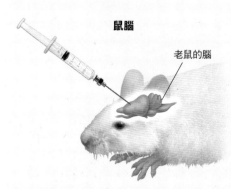

老鼠的腦

例）
舊型日本腦炎疫苗

以前的日本腦炎疫苗是將病毒注射在鼠腦中培養，利用福馬林不活化後（殺死病毒）精製而成。現在的疫苗（乾燥細胞培養日本腦炎疫苗），則是採用非洲綠猴的細胞製成。

雞的受精卵

例）
流感疫苗

受精雞蛋消毒後，置於38～39℃的溫度中培養11天左右。重點在於胚胎需持續孵化，由於細胞不能在未受精的雞蛋中繁殖，因此病毒也無法增加。
　順帶一提，用於生產疫苗的受精雞蛋皆來自專門的養殖場，因此有嚴格的衛生管理。

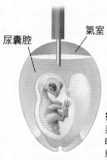

尿囊腔　　　氣室

病毒的接種

透過自動接種機以每小時 3 萬顆雞蛋的速度，將病毒液打入雞蛋的尿囊腔※。

可以接種的病毒疫苗

區分	疫苗的種類	區分	疫苗的種類	區分	疫苗的種類
定期	小兒麻痺	自選	水痘	自選	人類乳突病毒
定期	德國麻疹、麻疹（MR）	自選	流行感冒	自選	輪狀病毒
定期	日本腦炎	自選	A型肝炎	自選	狂犬病
自選	流行性腮腺炎	自選	B型肝炎	自選	黃熱病

左表為可在日本接種的主要病毒疫苗。疫苗接種又分成定期接種和自選接種，「定期接種」是國家建議施打的疫苗，設有因接種致使健康受損時的賠償制度。「自選接種」則顧名思義可自行決定要不要施打，大多是健保不給付的高價疫苗。

減輕症狀。但由於接種疫苗是將部分的病原體施打進人體內，所以可能會出現發燒、手臂腫脹等副作用。

為了達到預防的目的，必須接種對應個別病毒的疫苗。例如小兒麻痺、麻疹、德國麻疹、流行性腮腺炎、水痘等疾病的疫苗，就是利用經過減毒後的病毒製成（減毒疫苗）。日本腦炎、流行性感冒、B型肝炎等疾病的疫苗，則是利用病毒的部分成分製成（不活化疫苗）。減毒疫苗的預防效果雖高，卻容易產生副作用；不活化疫苗的安全性高但效果較弱，因此大多需要後續多次追加接種。

培養病毒
於溫度控制在32～36℃、濕度60～80%的培養室中，培養48～72小時。之後降溫至4℃冷卻，中止病毒繁殖。

濃縮、精製
以過濾（膜）方式剔除雜質使其濃縮，再經過離心處理去除雞蛋的成分進行精製。

乙醚裂解
利用稱為乙醚的藥物裂解病毒顆粒（不活化），只留下病毒表面的HA、NA蛋白質（疫苗的主要成分）等物。

病毒液

採集病毒液
剪開雞蛋的氣室部分，採集充滿在尿囊液中的病毒液。1顆雞蛋約能採集到10毫升的病毒液。

疫苗完成
將原液調整到適當的濃度，分裝至小玻璃瓶，疫苗即製造完成（圖為流感HA疫苗）。

※：尿囊是收集胚胎產生的老舊廢物（尿）的袋狀構造，因此病毒在膜內增生後，會聚集於尿囊內。

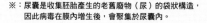
疫苗也能用來預防癌症

接種疫苗對於引發癌症的病毒也有效果。舉例來說，「人類乳突病毒」是造成子宮頸癌的主要原因，若針對12歲的女孩全面接種疫苗（預防接種），則子宮頸癌的罹患率、死亡率約可減少70%※。但人類乳突病毒有多種分型，即使接種疫苗也無法預防所有類型的病毒感染。

※：日本國立感染研究所參考國外的例子計算而得。

藥物合併服用可能會對身體造成危害

大家是否聽過「藥物不能配茶服用」的說法呢？因為以前認為治療貧血的鐵劑若搭配茶類飲品一起服用，茶葉中的鞣酸（澀味成分）會和鐵質結合而抑制鐵的吸收。不過根據現在的報告，就算以茶服用含鐵量比食物高出許多的鐵劑，貧血的治療效果也不會有任何影響。

不過也有些組合確實會產生影響，例如支氣管炎的用藥「Procaterol」若與咖啡（咖啡因）合併服用，就有可能引發心律不整。另外，酒（酒精）和安眠藥皆具有抑制腦部功能的作用，合併服用的話會讓效果加成甚至危及性命。

或許也會有人擔心：「會不會在不知情的狀況下，用了錯誤的服藥方式而引起危險呢？」關於這點請大家放心，真正應該注意的事項都會寫在藥品說明書上，最重要的是若有任何疑問，應向藥師詢問。

1. 服用藥物

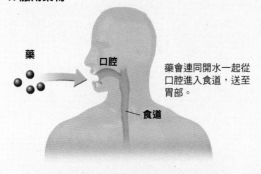

藥
口腔
食道

藥會連同開水一起從口腔進入食道，送至胃部。

若服藥時沒有配水喝或是躺著吃藥，幾千次中就會發生1次藥物卡在食道的狀況。如果是具強烈刺激性的藥，則可能因藥物溶解直接侵蝕食道而造成潰瘍。

2. 吸收後送往全身

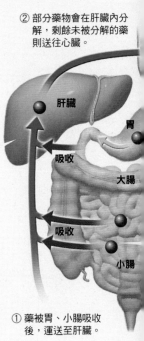

② 部分藥物會在肝臟內分解，剩餘未被分解的藥則送往心臟。

肝臟
胃
吸收
大腸
吸收
小腸

治療帶狀皰疹的「Sorivudine」和抗癌劑（氟嘧啶類）合併服用的話，抗癌劑因無法分解而大量流入血液中。導致骨髓無法製造白血球和淋巴球，甚至可能引起嚴重的感染而致死。

① 藥被胃、小腸吸收後，運送至肝臟。

藥物的有效機制及合併服用的風險

藥物與特定食物若合併服用，可能會失去藥效或是增強藥效，對身體造成危害。

藥物合併服用

3. 藥物進入細胞內作用並發揮效力

致效劑
藥物與細胞的受體結合,產生效果。

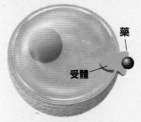

藥
受體

納豆中的維他命K能製造具凝血作用的蛋白質,因此會妨礙抗凝血藥(苯甲香豆醇)的藥效。

拮抗劑
阻撓藥物與細胞的受體連結,抑制原本應結合之物質的作用。

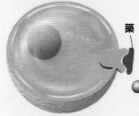

藥

治療支氣管炎的用藥「丙卡特羅」和咖啡(咖啡因)合併服用的話,會增強對交感神經系統相關受體的作用,有可能產生心跳異常的現象(引發心律不整)。

通道阻斷劑
藥物在細胞的傳輸路徑(離子通道)進行作用,干擾物質的輸送。

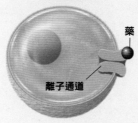

藥
離子通道

酒(酒精)和安眠藥皆有抑制腦部功能的作用,若兩者合併服用會出現強烈的抑制效果。可能造成腦部發出呼吸指令的傳導異常,甚至喪命。

4. 分解後排出體外

流向全身
③ 從心臟順著血流送往全身

心臟

抗生素(新一代喹啉酮類)和胃藥(制酸劑)合併服用的話,抗生素會喪失藥效。

降血壓藥(二氫吡啶類鈣離子拮抗劑)有一部分是在小腸吸收分解,由於葡萄柚中的呋喃香豆素(furanocoumarin)成分會妨礙分解,一旦降血壓藥的效果增強則可能造成血壓過低。

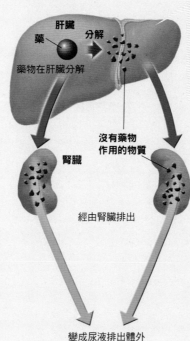

肝臟
藥
分解
藥物在肝臟分解

抽菸會導致治療氣喘的用藥「茶鹼」難以發揮效果,因為香菸煙霧中的成分會提高肝臟內特定酵素的分解功能,所以會加快茶鹼的分解速度,使得血液中的茶鹼含量減少(變得難以得到效果)。

沒有藥物作用的物質

腎臟

經由腎臟排出

變成尿液排出體外

腎功能會隨著年齡逐漸退化,70歲時約降到只剩下70%的程度,因此經由腎臟分解的藥物較容易產生副作用。

COLUMN

哪一種口罩的防護效果最好？

我們在日常生活中都有使用口罩的經驗，例如為了防止吸入灰塵或花粉、預防傳染病等各種目的。

家庭用口罩有「立體型」、「皺褶型」、「平面型」3 種，不僅形狀不同，連材料也不同。立體型和皺褶型口罩的材質以不織布為主，不織布就如字面所述，是不經編織而成的布。將尼龍和棉等各種纖維原料利用熱壓或使用黏著劑，讓纖維糾結黏合在一起。可以透過變更製造方法或是不同的纖維原料，設計出不同硬度、厚度和孔隙的布料。

而平面型口罩則是由紗布製成，清洗後能重複使用。同時，與不織布相比，保濕力和保溫力較佳，可以在乾燥的空氣中保護喉嚨並保暖防寒。

過濾層的性能等於口罩的性能？

賣場常見各種式樣的口罩，例如以易帶走靜電的纖維製成的過濾層，就對花粉等粒子有較高的吸附力；由鴕鳥（具有讓病原體失去活性的能力）萃取出的抗體製成的過濾層，不僅能讓附著在過濾層的病毒失去感染力，還可防止病毒再次漂浮移動。

不過即便是高性能的過濾層，若口罩邊緣和臉部之間的縫隙過大而有漏氣的情形，就無法完全發揮效果。也就是說選擇符合自己臉部大小的口罩，才是最重要的。

選擇口罩時，以耳朵上方根部到鼻根（兩眼中間）下方 1 公分的間隔為基準，間隔落在14.5～17.5公分的人選購「一般尺寸」即可。

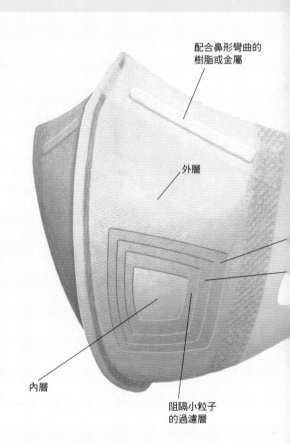

配合鼻形彎曲的樹脂或金屬

外層

內層

阻隔小粒子的過濾層

立體型口罩

依照臉型剪裁製成，所以口罩邊緣和臉部之間不易產生縫隙。而且口罩和嘴巴間留有較大的空間，比較不會呼吸困難或講話不方便，口紅也不易脫落。

N95口罩

N95指的是美國國家職業安全衛生研究所認證的工業用防塵口罩規格，代表口罩能過濾95％以上0.3微米以上的粒子（不抗油）。由於密閉性高，適合必須接觸患者的人配戴以避免感染。但也因此容易造成呼吸困難，所以並不適合長時間配戴。

耳帶、耳繩

阻隔大粒子的
過濾層

阻隔中粒子的
過濾層

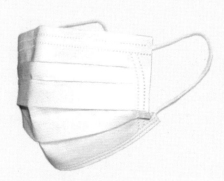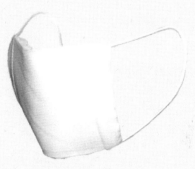

皺褶型口罩

皺褶的部分可以伸縮，即便講話也不容易移位。立體型和皺褶型口罩主要都是以縫隙不到 1 微米（1 微米等於100萬分之 1 公尺）的不織布製成，因此能夠阻隔較小的粒子。

平面型口罩

材質為棉線織成的紗布，網眼的密度約數十微米。順便一提，流感病毒的大小約0.1微米、咳嗽或打噴嚏時的口鼻飛沫約 5 微米，杉樹花粉約30微米。

如何選擇適合的口罩

丈量拇指到食指之間的長度

拇指到食指間的長度，與口罩適合尺寸的對照關係如下所示。

12.5cm以下 ……「兒童尺寸」
12.5～15.5cm …「小尺寸」
14.5～17.5cm …「一般尺寸」
17.5cm以上 ……「大尺寸」

不過根據不同商品，會有不同情形。

＊資料根據日本衛生材料工業聯合會

將拇指放在耳朵上方根部，食指對準鼻根（兩眼之間）的下方 1 公分處。

當異常的DNA持續累積就會形成癌細胞

「**癌**症」是自1981年以來，日本人的死因第一名，造成癌症原因的「癌細胞」和正常細胞之間到底有何不同呢？

每一個細胞都會成為具有不同特定功能的細胞，這個過程稱為「分化」。我們可以將人體看作是由分化細胞集合而成的「細胞社會」，在細胞社會中，正常的細胞不會任意地分裂增生，老舊的細胞則逐漸凋亡。然而癌細胞卻打亂了這個平衡，導致細胞不斷地分裂和增殖。如此一來不只會消耗掉養分，增生的細胞還占據了正常細胞原本的位置，進而造成組織或器官遭到破壞。

在分化的過程中會決定基因的組合，若把細胞的DNA比喻成一本書，就像是將不讀的頁面用漿糊黏住般。癌化則是由紫外線、化學物質（致癌物）、輻射或病毒等所引發的基因異常，就如同書上原本的內容已經改變。只有一處發生異常的話通常不會致癌，但若錯誤繼續增加，就會像無法讀懂的文章般，受損逐漸累積而造成細胞「癌化」。

各種傷害DNA的環境要素

圖中所示為各種致癌因子入侵細胞核內，造成DNA損傷的模樣。

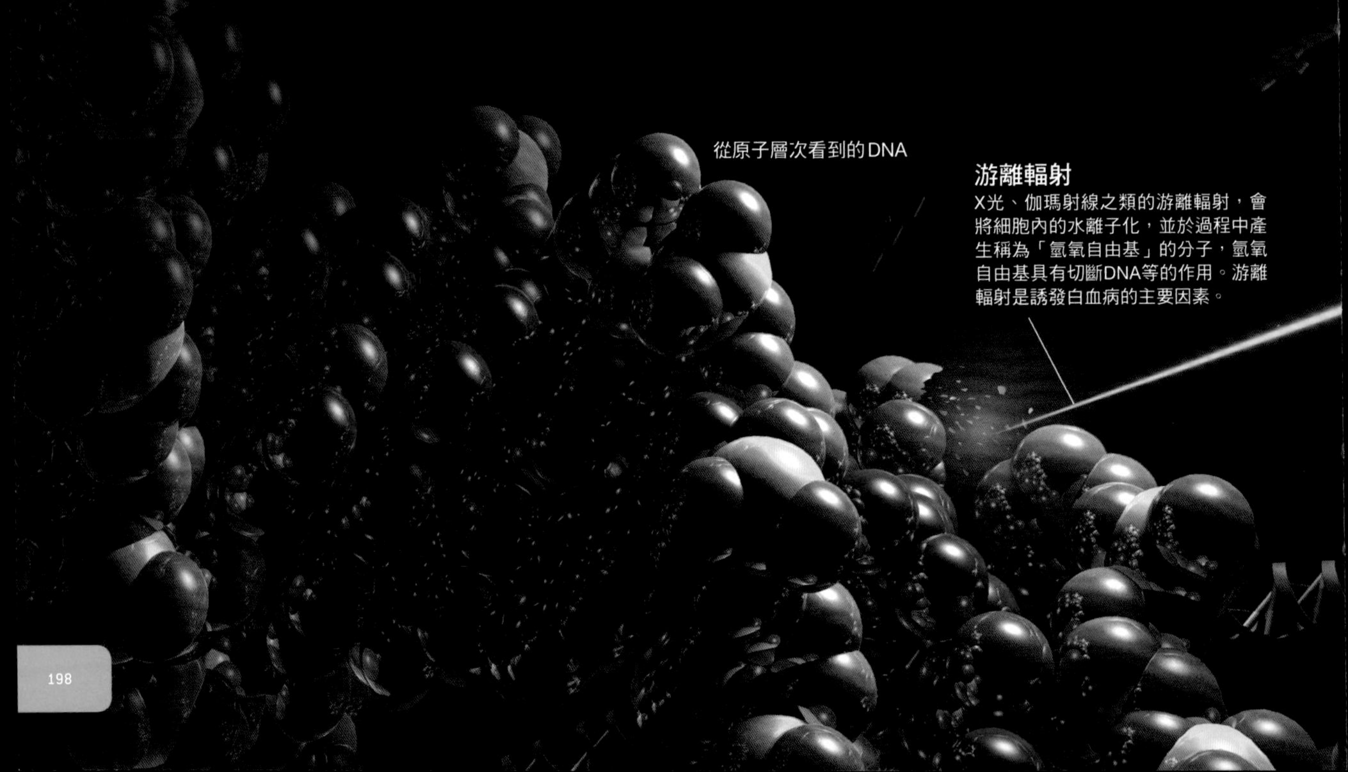

從原子層次看到的DNA

游離輻射
X光、伽瑪射線之類的游離輻射，會將細胞內的水離子化，並於過程中產生稱為「氫氧自由基」的分子，氫氧自由基具有切斷DNA等的作用。游離輻射是誘發白血病的主要因素。

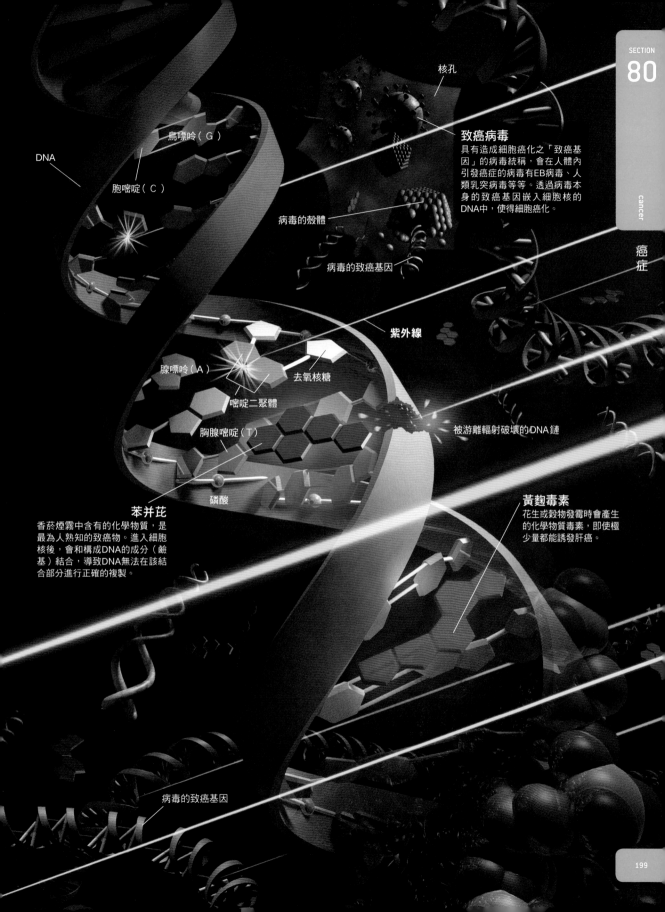

核孔

致癌病毒
具有造成細胞癌化之「致癌基因」的病毒統稱，會在人體內引發癌症的病毒有EB病毒、人類乳突病毒等等。透過病毒本身的致癌基因嵌入細胞核的DNA中，使得細胞癌化。

鳥嘌呤（G）

DNA

胞嘧啶（C）

病毒的殼體

病毒的致癌基因

紫外線

腺嘌呤（A）

去氧核糖

嘧啶二聚體

胸腺嘧啶（T）

被游離輻射破壞的DNA鏈

磷酸

黃麴毒素
花生或穀物發霉時會產生的化學物質毒素，即使極少量都能誘發肝癌。

苯并芘
香菸煙霧中含有的化學物質，是最為人熟知的致癌物。進入細胞核後，會和構成DNA的成分（鹼基）結合，導致DNA無法在該結合部分進行正確的複製。

病毒的致癌基因

持續進化的癌症免疫療法

目前癌症的「標準療法」有手術治療、放射治療和化學治療，但並非所有患者都能獲得痊癒或緩解（病情暫時得到控制），因此最近又出現了第4種備受矚目的癌症治療方法，亦即「癌症免疫療法」。

人體內有三個防禦系統，會負責排除癌化的異常細胞以避免癌組織繼續擴大。一個是「DNA修復酶」（修復受損DNA的系統），另一個是「細胞凋亡」。細胞凋亡指的是利用細胞的「自殺」，讓在修復系統中無法復原的癌化細胞自我毀滅的過程。而「免疫系統」的功能就是築起上述這兩道牆來阻擋癌細胞潛入人體。

癌細胞會任意啟動免疫系統的煞車開關

若免疫系統可以清除掉癌細胞，那為何會有這麼多人死於癌症呢？這是因為癌細胞和細菌、病毒之類的異物不同，原本就是源於人體自身的細胞。癌細胞的組成成分與正常細胞幾乎一樣，所以對免疫系統來說很難分辨。

再加上癌細胞會對免疫系統施行多種技巧性的逃脫「戰略」，例如免疫系統中的煞車開關，是免疫系統為了避免攻擊自己的身體，或當病原體入侵引發免疫反應後，為防止攻擊到正常細胞而用來平息免疫反應的一種機制。普通感冒後過了幾天就會退燒，就是這個煞車開關的作用。而癌症會惡意使用此機制，任意地啟動煞車的開關。

對抗癌症的各種方法

那麼，要如何才能擊敗癌細胞的戰略呢？答案就是「免疫檢查點抑制劑」。該藥物（抗體）能阻止癌細胞啟動煞車開關，讓免疫細胞活性化。其他的治療方法還有透過也運用在電視遙控器的近紅外線，來破壞癌細胞的「光免疫療法」，或是藉由積極控制腸道細菌的生態系統（腸道菌叢）來達到有效治療的方法等等，相關的研究開發也都在持續進行中。

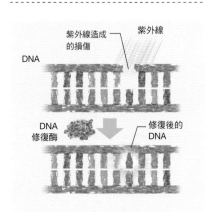

DNA修復機制

由於紫外線、DNA的複製錯誤等因素，DNA每天都會受到傷害。但細胞內有許多稱為DNA修復酶的蛋白質在運作，負責修復DNA的損傷，因此能防止正常細胞發生癌化的現象。

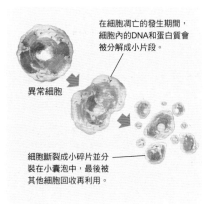

細胞凋亡

為基因發生異常的細胞主動停止生長，並從組織中移除的過程。藉由這個機制，身體才得以事先防範癌細胞的成長。

癌症免疫療法

免疫輔助療法（1900年左右～）

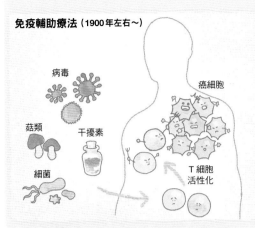

病毒

菇類

干擾素

細菌

癌細胞

T細胞
活性化

免疫療法的起源很早，可以上溯至19世紀後半。美國的外科醫師柯立（William Coley，1862～1936）觀察到一位癌症患者在發生細菌感染後，癌組織竟然逐漸縮小了。他認為這是因為細菌感染導致免疫系統活化，才使得癌細胞也一併被清除。之後柯立就開始採取刻意將細菌成分注入患者體內的「免疫輔助療法」，但這個療法並不是對每個人都有效。

過繼細胞療法（1980年左右～）

讓免疫細胞
活化的藥劑

取出T細胞

活化後的
T細胞

癌細胞

攻擊
癌細胞

若在顯微鏡下觀看癌組織，即可發現其中潛藏著免疫細胞。將這個免疫細胞取出體外，經過繁殖、活化後再輸回病患體內，就能有效地攻擊癌細胞。目前此療法已經過不斷地改良，有些病例甚至能達到幾乎痊癒的效果。

癌
症
免
疫
療
法
的
歷
史

癌症疫苗療法（1990年左右～）

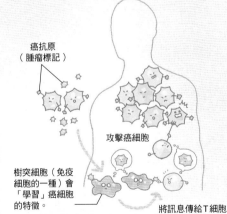

癌抗原
（腫瘤標記）

攻擊癌細胞

樹突細胞（免疫
細胞的一種）會
「學習」癌細胞
的特徵。

將訊息傳給T細胞

癌細胞的表面帶有被稱為「癌抗原」的物質，免疫細胞會透過辨認這個癌抗原來清除癌細胞。「癌症疫苗療法」就是利用將癌抗原本身或是帶有癌抗原的樹突細胞輸回病患體內，讓身體的免疫細胞「學習」癌細胞的特徵，以提高攻擊的效率。

免疫檢查點抑制劑療法（2005年左右～）

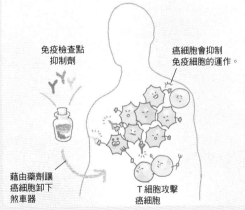

免疫檢查點
抑制劑

癌細胞會抑制
免疫細胞的運作。

藉由藥劑讓
癌細胞卸下
煞車器

T細胞攻擊
癌細胞

免疫檢查點抑制劑可以防止癌細胞啟動免疫系統的煞車開關，讓免疫系統能對癌細胞再次展開攻擊。

今後將由免疫療法搭配標準療法所形成的
「複合式癌症免疫療法」為主流。

🔍 基本用語解説

十二指腸
小腸的一部分。消化作用真正開始以及胰液和膽汁排出的地方。

大腸
位於食道往下延伸的消化道末端,由盲腸、結腸、直腸所組成。負責製造糞便,分解、吸收小腸內未完全消化的食物殘渣。

小腸
由十二指腸、空腸和迴腸組成,負責食物消化的最後階段,並吸收養分和水分。

心臟
可維持體內血液循環的幫浦。從心臟送出的血液一分鐘內循環全身後,會再返回心臟。

牙齒
成人的恆齒共有32顆(但有些人不一定會長出最後方的第三大臼齒)。兒童的乳齒並沒有相對應的大臼齒,合計20顆。覆蓋在牙齒表面的牙釉質(又稱琺瑯質),則是身體最堅硬的地方(與水晶相當)。

生理時鐘
體內的晝夜節律系統,一天的週期約為24小時又10分鐘。

甲狀腺
分泌促進新陳代謝的激素。合成這種激素的原料來自於昆布等食物中含的碘。

白血球
負責擊退入侵體內的外敵。大小約0.006~0.03毫米,有顆粒球、淋巴球(T細胞和B細胞)、巨噬細胞等種類。

皮膚
由表皮、真皮、皮下組織三層結構組成,能預防病原菌入侵體內,減緩外力的衝擊。此外,皮膚也具有接收壓力、溫度、疼痛等刺激(訊息)的感應器。

交感神經
從脊髓的胸部到腰部附近向外延伸的神經。遇到壓力時會活化,出現瞳孔放大或心跳加速等反應。

肌肉
由稱為肌纖維的細胞聚集而成,依功能可大致分為心肌、骨骼肌、平滑肌三種。

自律神經
主要由「交感神經」和「副交感神經」組成。具有調節內臟、血管的功能,確保體內環境維持在一定的範圍內。

自體免疫疾病
對自己體內製造的蛋白質產生免疫反應的一種疾病,肇因於免疫系統的失控。具代表性的疾病有葛瑞夫茲氏病、橋本氏病等。

血小板
為大小約0.002毫米的細胞碎片,具有止血的作用。

血液
經由血管從心臟運送至全身,將氧和養分輸送給細胞,並回收細胞中的二氧化碳和老舊廢物。

血壓
從心臟輸出的血流對血管產生的壓力。血壓分成心室收縮輸送血液時的值(收縮壓),以及心室舒張時的值(舒張壓)。

免疫
排除進入體內的病原體或有害物質等異物的機制。免疫系統主要是由白血球所組成,白血球中除了顆粒球、巨噬細胞外還有T細胞和B細胞等淋巴球。

卵巢
製造卵子的地方。卵子由卵巢中圓球狀的卵泡構造孕育成熟。

抗生素
由微生物製造出來的物質,具有抑制其他微生物和癌細胞增殖的作用,用於消滅入侵人體的細菌。

抗病毒藥
透過妨礙病毒的增殖過程來抑制症狀的藥物。由於病毒的增殖方式各有不同,因此必須針對個別的病毒開發不同的藥物。

抗體
由免疫細胞之一的B細胞(淋巴球)所分泌的蛋白質,會攻擊入侵體內的病原體等異物(抗原)。

肝臟
透過化學反應製造或轉換成各式各樣的物質,如分解酒精和藥物成分,合成並分泌膽汁,儲存肝醣等等。

肺
具有將氧送進血液,並將不需要的二氧化碳排出體外的功能。會像氣球般隨著空氣的進出而伸縮變化,但無法自行吸入空氣。

指甲
由皮膚(表皮)的一部分變硬後形成,不僅可以執行細微的動作,硬質的結構還具有支撐指尖、保護皮膚的作用。

指紋
由表皮上線狀的突起和凹溝所形成的皮膚紋理之一。

疫苗
弱化毒性後的病原體或是病原體的成分。預防接種就是將疫苗注入體內,讓身體對同一種病原體產生保護力的手段。

紅血球
直徑0.007~0.008毫米,厚度約0.002毫米,負責運送氧至全身各個部位。即使在微血管中,也能變形通過。

胃
具有對食物進行殺菌及暫時儲存的功能,透過胃液可將變成粥狀的食物慢慢推送至小腸。

食道
連接喉嚨與胃的管狀器官,從口腔進來的食物會經過食道抵達胃部。

核心體溫
腦和內臟的溫度，約保持在37℃上下。至於身體表面的「體表溫度」，除了受到周圍溫度的影響外，還因調節核心體溫而變化較大。

氣管
將空氣送進肺部的器官。進入肺之前會分成兩條分支（支氣管），進入肺之後再繼續分支為更細小的支氣管，遍及肺部的各個角落。

消化
經由器官的運作和消化液引起的化學反應，讓食物分解成身體能夠吸收的狀態和物質。

病毒
大小約0.02～0.3微米，含有蛋白質殼（脂質膜）及DNA、RNA等遺傳訊息，必須在生物的細胞內才能進行繁殖。

神經
有由腦和脊髓構成的「中樞神經」以及連結中樞神經和身體各部位的「周邊神經」，周邊神經可再分成運動神經、感覺神經和自律神經等。

胰臟
所分泌的胰液能分解三大營養素（醣類、蛋白質、脂質），同時具有調節血糖值的作用。

脊髓
位於脊柱的椎管內，表面由三層腦膜覆蓋保護著。與腦同樣肩負重任，負責處理從各種感覺器官傳來的訊息。

骨髓
硬骨內的軟組織，負責製造紅血球和白血球等血液成分，也是B細胞發育成熟的地方。

副交感神經
從腦和脊髓的末端附近延伸而出，與交感神經擁有完全相反的作用。同一個器官大多都有交感神經和副交感神經兩方連結，負責內臟活動的調節。

動脈
負責將血液從心臟輸送至全身的血管，需承受較大的壓力因而管壁較厚。

動靜脈吻合
指腹、手掌等部位有許多地方不需透過微血管即可連結動脈和靜脈，稱為動靜脈吻合。

淋巴液
從微血管滲出到組織的血漿，進到淋巴管後就成為淋巴液，負責輸送從細胞排出的老舊廢物、多餘水分和淋巴球（T細胞、B細胞）等等。

細菌
大小只有1～數微米。具有細胞的構造，能夠自我增殖。

造血幹細胞
紅血球、白血球和血小板等血液的細胞成分，都是由造血幹細胞製造出來的。

硬骨
硬骨以脊柱為中心按其不同功能互相連成一個系統（骨骼）。除了支撐身體、保護腦部和臟器、進行肢體動作和呼吸作用外，還具有儲存鈣質的功能。

腎臟
外形像蠶豆一樣、大小如拳頭般的器官，具有製造尿液、維持體液成分的平衡、調節血壓等功能。

微血管
遍布身體各個角落的血管，動脈和靜脈的末端都與微血管相連。

感覺器官
將接收到的外界訊息（刺激）傳送到腦部的器官，有感知光線的眼睛、感知聲音的耳朵、感知氣味的鼻子、感知味道的舌頭，以及感知按壓、溫度、疼痛的皮膚。

睪丸
長約4～5公分，負責製造精子的卵圓形器官，還具有分泌主要男性激素「睪固酮」的功能。

腸道細菌
大腸內棲息著大腸桿菌和乳酸桿菌等腸道細菌，總數量超過100兆個。能將部分食物纖維和未消化的蛋白質等人體無法消化的成分，分解成可以吸收的成分。

腦
維持生命、掌管運動和精神活動的人體指揮中心。

過敏
免疫細胞對於不會直接危害身體的異物所產生的反應，有花粉症、食物過敏、金屬過敏、異位性皮膚炎、氣喘等許多種類。

膀胱
暫時儲存由腎臟製造之尿液的袋狀器官。

激素
透過血流影響特定器官的物質總稱。分泌激素是為了能夠調節各種體內的環境。

靜脈
負責將全身的血液送回心臟的血管。

膽囊
負責儲存並濃縮肝臟分泌的「膽汁」的袋狀器官。

關節
硬骨之間連接的部位，又分為可動關節和不可動關節。

▼ 索引

A～Z

ATP	148, 153
Aβ纖維	97
Aδ纖維	94, 97
B細胞	33, 165, 166
C纖維	94, 96
HIV	178, 184, 190
HTLV-1	184, 190
IgE抗體	168
Th1細胞	165, 176
Th2細胞	165, 176
T細胞	33, 165, 166

二畫

十二指腸	132, 138

三畫

三大營養素	144
下視丘	35, 45, 47
口服免疫療法	175
口腔	6
口罩	196
大腸	6, 138, 156
大腦	34, 36
大腦皮質	34, 36

子宮	52
小動脈	24
小腸	6, 138
小腦	34
小靜脈	24

四畫

中耳	74
中腦	35
中樞神經	11, 42
內耳	74, 76
分貝	75
升糖素	135
反式脂肪酸	154
反射	40
天花	136, 162
巴齊尼氏小體	94, 97, 102
心肌	20
心音	114
心跳速率	114
心臟	112
月經	52
毛	100
水晶體	68

五畫

代謝	98
外耳	74
巨噬細胞	32, 164
布洛卡區	36, 38
布羅德曼分區	36
平滑肌	20
打嗝	110
生理時鐘	46, 48
甲狀腺	10, 47
白血球	28, 30, 32, 164
皮下組織	94
皮膚	94

六畫

交感神經	44
先天性免疫	164
成骨細胞	16
耳	74
耳蝸	74
肋間肌	106
肌肉	7, 20

自律神經	42, 44
自然殺手T細胞	165
自體免疫疾病	46, 200
舌	86
舌乳突	87
舌骨上肌	127, 129
血小板	28, 30
血液	28
血管	24
血漿	28, 32
血纖維蛋白原	29, 162

七畫

免疫	162
免疫耐受性	170, 174
卵子	52, 54
卵泡	52
卵巢	52
吞嚥	39, 126
吸收上皮細胞	140
尾骨	19
抗生素	186
抗原	166
抗病毒藥	190
抗藥性細菌	188
抗體	150, 162, 166
肝小葉	142
肝醣	142, 145, 148
肝臟	6, 142
角膜	68

八畫

乳房	56
乳癌	57
乳糜微粒	147, 152
受精	54
味蕾	86, 88
味覺	88, 90
味覺圖	86
呼吸	39, 106
周邊神經	11, 42
延腦	34
松果體	10, 46
盲腸	138, 156
盲點	72
直立雙足步行	18
直腸	139, 156

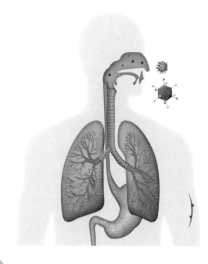

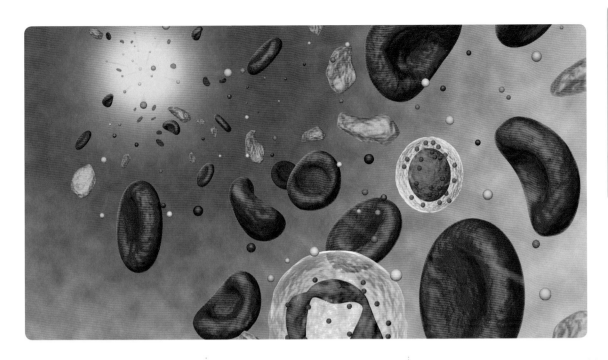

空腸	138	韋尼克區	36, 38
肺	6, 106	食物過敏	170
肺泡	108	食道	6, 128
肺循環	24		

十畫

肥大細胞	168, 171, 174, 177
表皮	94
金屬過敏	172
門靜脈	8, 143
青黴素	186

原尿	118
套膜	178
射精	50
核心體溫	98
株系選擇說	167
氣管	6, 108
氣體交換	108
消化	122
病毒	178
真皮	94
破骨細胞	16
神經元	42, 66
脂質	152, 154
脂酶	147
胰島素	134, 150
胰液	132, 134, 146
胰蛋白酶	134, 146, 150
胰臟	6, 132, 134
胸式呼吸	107
胸腔	106
胸腺	10, 33
脊髓	11, 40

九畫

前扣帶迴	37
後天性免疫	164, 166
扁桃腺	33
指甲	100
指紋	102
括約肌	121
流感病毒	179, 180, 190
玻璃樣液	69
疫苗	192
突觸	42
紅血球	28, 30
胃	6, 130
胃液	130, 146
胃蛋白酶	131, 146
胞毒T細胞	165, 166
虹膜	68

脊髓神經	11, 40
胼胝體	35
迴腸	138
骨骼	14
骨骼肌	20, 22
骨髓	10, 14, 17, 30, 33
胺基酸	150

十一畫

副交感神經	44
動脈	24, 26
排卵	52
梅克爾氏細胞	94, 97
梅斯納氏小體	94, 97, 102
淋巴球	28, 32
淋巴結	10, 32
淋巴管	10, 32
犁鼻器	81
眼	6, 68
細胞介素	169, 173, 181
細胞成分	28
細菌	178
組織胺	169, 171, 174, 177
軟顎	86, 126, 129
造血幹細胞	17, 30
陰莖	50
陰道	52, 54

陰囊	50
頂下小葉	37

十二畫

單醣	122
唾液	124
殼體	178
游離神經末梢	97
減敏作用	84
減敏療法	175
硬骨	7, 16
結腸	138, 156
絨毛	140
腎上腺	8, 10, 44
腎小體	118
腎臟	8, 118
脾臟	8, 10, 33
著床	54
視神經	68
視桿細胞	70
視野	72
視網膜	68
視錐細胞	70
視覺	72
視覺細胞	70
軸突	42
間腦	34

十三畫

嗜中性球	28, 31, 164
嗅上皮	80
嗅覺	82
嗅纖毛	82
微血管	9, 24, 26, 32
微絨毛	140
感覺神經	40, 42
愛滋病	184, 191
會厭	126, 129
腸道細菌	158
腸道菌叢	158
腹式呼吸	107
腦	6, 34
腦垂腺	10, 35, 47
葛瑞夫茲氏病	46
葡萄糖	142, 144, 148
運動員心臟	116
運動神經	40, 42

過敏	168, 174
鼓膜	74

十四畫

精子	50, 54
膀胱	7, 120
輔助T細胞	165, 166, 184
鼻	80
鼻腔	80
睪丸	50

十五畫

潘菲爾德的小矮人	64
膚覺	96
衛生假說	176
調節T細胞	165, 174
魯斐尼氏小體	94, 97
齒	126

十六畫

橫膈	106
樹突	42
樹突細胞	164
橋本氏病	46
澱粉酶	125, 145
激素	45
糖質新生	148, 152
諾羅病毒	178, 182
輸卵管壺腹	54

輸尿管	8
遺傳	58
靜脈	24, 26

十七畫

環狀褶	140
環咽肌	128
癌症	198
癌症免疫療法	200
膽汁	132, 142, 147
膽囊	6, 132
顆粒球	154

十八畫

雙胞胎研究法	60
額極	36

十九畫

懷孕	54
瓣膜	26, 112
關節	7, 15

二十二～二十三畫

聽小骨	74
聽覺	78
髓鞘	42, 97
體表溫度	98
體神經	40
體循環	24

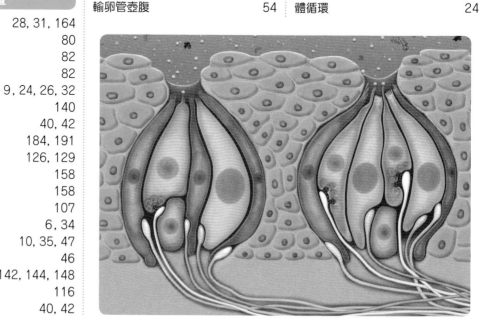

Staff

Editorial Management	木村直之	Design Format	三河真一（株式会社ロッケン）
Editorial Staff	中村真哉，上島俊秀	DTP Operation	阿万 愛

Photograph

011	SciePro/stock.adobe.com	136	Newton Press
057	Pixel-Shot/stock.adobe.com	137	京都大学附属図書館 Main Library, Kyoto University
060	Elena Stepanova/stock.adobe.com		
085	komokvm/stock.adobe.com	175	Monet/stock.adobe.com
090	Nishihama/stock.adobe.com	176	blvdone/stock.adobe.com
102	Vadim/stock.adobe.com	186	Silvio/stock.adobe.com
102	Alizada Studios/stock.adobe.com	188	chayakorn/stock.adobe.com
102-103	Inspir8tion/stock.adobe.com	191	Pixel-Shot/stock.adobe.com
103	ch.krueger/stock.adobe.com	193	Sherry Young/stock.adobe.com
103	directorklaus/stock.adobe.com	196-197	lunx/stock.adobe.com
103	yvonne/stock.adobe.com		

Illustration

Cover Design	三河真一（株式会社ロッケン）
006～010	Newton Press
012～015	Newton Press［※1を加筆改変］
016-017	黒瀧清桐
018-019	Newton Press
020-021	Newton Press［※1を加筆改変］
022-023	Newton Press
024-025	Newton Press［※1を加筆改変］
026-027	小林 稔
028～033	Newton Press
034-035	金井裕也
036～055	Newton Press
056-057	黒瀧清桐
058～063	Newton Press
064-065	Newton Press，月本事務所（AD：月本佳代美，3D監修：田内かほり）
066～075	Newton Press
076-077	Newton Press，木下真一郎
078～085	Newton Press
086	Peter Hermes Furian/stock.adobe.com
086-087	木下真一郎
088～125	Newton Press
126-127	木下真一郎
127	Newton Press
128-129	Newton Press
130-131	奥本裕志
132-133	Newton Press
134-135	Newton Press（PDB ID：1TGSと1CPX，1GWA，1EKBを元にePMV（Johnson, G.T. and Autin, L., Goodsell, D.S., Sanner, M.F., Olson, A.J.（2011）. ePMV Embeds Molecular Modeling into Professional Animation Software Environments. Structure 19, 293-303）とMSMS molecular surface（Sanner, M.F., Spehner, J.-C., and Olson, A.J.（1996）Reduced surface：an efficient way to compute molecular surfaces. Biopolymers, Vol. 38,（3),305-320）を使用して作成)
138-139	Newton Press［※1を加筆改変］
140～153	Newton Press
154-155	Newton Press［グリセリン，パルミチン酸，ステアリン酸，オレイン酸，リノール酸の3Dモデル：※2］
156-157	Newton Press
158-159	Newton Press（PDB ID：2Q9Sを元にePMV（Johnson, G.T. and Autin, L., Goodsell, D.S., Sanner, M.F., Olson, A.J.（2011）. ePMV Embeds Molecular Modeling into Professional Animation Software Environments. Structure 19, 293-303）を使用して作成)
160-161	Newton Press
162-163	月本佳代美
164～167	月本事務所（AD：月本佳代美，3D監修：田内かほり）
168～190	Newton Press
191	しらたまあんこ/stock.adobe.com
192～197	Newton Press
198-199	月本事務所（AD：月本佳代美，3D監修：田内かほり）
200-201	Newton Press

※1：BodyParts3D, Copyright© 2008 ライフサイエンス統合データベースセンター licensed by CC表示－継承2.1 日本（http://lifesciencedb.jp/bp3d/info/license/index.html）

※2：国立研究開発法人科学技術振興機構が提供するJ-GLOBAL（日本化学物質辞書）

日文審訂

坂井建雄

日本順天堂大學保健醫療學部特聘教授。醫學博士。1953年生於大阪。東京大學醫學部醫學系畢業。專業為解剖學、醫學史。日本醫史學會理事長。著作、審訂書籍為《圖說 醫學的歷史》、《標準解剖學》、《世界第一美人體教科書》（以上為單著），《人體的正常構造與機能》（編著），《PROMETHEUS解剖學圖鑑》（監譯）等等。

Galileo科學大圖鑑系列 05
VISUAL BOOK OF THE HUMAN BODY

人體大圖鑑

作者／日本 Newton Press
特約主編／王原賢
翻譯／許懷文
編輯／林庭安
發行人／周元白
出版者／人人出版股份有限公司
地址／231028新北市新店區寶橋路235巷6弄6號7樓
電話／(02)2918-3366(代表號)
傳真／(02)2914-0000
網址／www.jjp.com.tw
郵政劃撥帳號／16402311人人出版股份有限公司
製版印刷／長城製版印刷股份有限公司
電話／(02)2918-3366(代表號)
經銷商／聯合發行股份有限公司
電話／(02)2917-8022
香港經銷商／一代匯集
電話／(852)2783-8102
第一版第一刷／2021年11月
第一版第二刷／2022年08月
定價／新台幣630元
港幣210元

國家圖書館出版品預行編目資料

人體大圖鑑 / Visual book of the human body
/ 日本 Newton Press 作；
許懷文翻譯. -- 第一版. -- 新北市：
人人出版股份有限公司, 2021.11
面；　公分. -- (Galileo 科學大圖鑑系列)
(伽利略科學大圖鑑；5)
ISBN 978-986-461-261-1(平裝)
　1.人體學

397　　　　　　　　　　　　110014718